雕琢自我

华春◎编著

延吉·延边大学出版社

图书在版编目（CIP）数据

雕琢自我 / 华春编著． -- 延吉：延边大学出版社，
2025.4. -- ISBN 978-7-230-08186-3
Ⅰ．B848.4-49

中国国家版本馆 CIP 数据核字第 2025PD1015 号

DIAOZHUO ZIWO
雕琢自我

编　　著：	华　春
责任编辑：	梁久庆
出版发行：	延边大学出版社
社　　址：	吉林省延吉市公园路977号
邮　　编：	133002
电　　话：	0433-2732435
传　　真：	0433-2732434
网　　址：	http://www.ydcbs.com
印　　刷：	三河市宏顺兴印刷有限公司
开　　本：	700mm×1000mm　　1/16
印　　张：	12
字　　数：	156千字
版　　次：	2025年4月第1版
印　　次：	2025年5月第1次印刷
书　　号：	ISBN 978-7-230-08186-3
定　　价：	68.00元

版权所有　　侵权必究　　印刷有误　　随时调换

前 言

在这个信息爆炸、瞬息万变的时代，我们常常被各种表象所迷惑，以为那些光鲜亮丽、看似无懈可击的事物背后，有着坚不可摧的秩序与完美。然而，当我们试图拨开那层虚幻的迷雾，就会惊异地发现：世界原来是个巨大的"草台班子"。

这个说法并非对世界的贬低与歪曲，而是一种对现实的深刻洞察与直白揭示。从宏大的社会架构到微观的人际往来，从看似严谨的学术殿堂到热闹非凡的商业舞台，仔细审视之下，都存在着种种的不完美、不确定性与随机性。

在网络中玩梗，于现实中思考。将世界比作"草台班子"，才发现世界并不是如同我们认知中的那样运转精密，而是处处充满着混乱、敷衍；各种组织表面上光鲜亮丽，实则各有各的问题，体现了人们对滤镜化的世界的祛魅。

曾经，我们仰望那些站在聚光灯下的成功人士，以为他们是天赋异禀、无往不胜的超人。但当我们有机会走近他们，就会发现他们也不过是在生活的浪潮中摸爬滚打的普通人，有着自己的困惑、挣扎与不足。就像马斯克，这位改变世界的科技狂人，他也曾说自己的人生开挂，是因为意识到世界是个巨大的"草台班子"。但我们需要进一步思考，马斯克究竟经历了哪些具体的事情，让他有了这样的感悟。

这并非对成功的贬低，而是让我们明白，成功并非被某些特殊人群所垄断，每个人都有机会在这个看似混乱的"草台班子"里，凭借自己的勇气与努力，书写属于自己的精彩。

同样，那些被我们奉为神圣的机构与组织，也并非如想象中那般完美无缺。看似有条不紊的大企业，可能内部管理混乱，决策随意；备受尊敬的学术团体，或许也会出现学术不端、观点矛盾的现象。这一切都让我们不得不承认，世界并非按照完美的剧本在演绎，而是一场充满了即兴发挥与意外插曲的大戏。

然而，认识到世界是个巨大的"草台班子"，并非让我们陷入消极与绝望，而是给予我们一种解脱与勇气。它让我们不再为自己的不完美而焦虑，不再为生活中的挫折而气馁。因为在这个"草台班子"里，每个人都是摸着石头过河，都是在不断地试错与成长。它鼓励我们勇敢地迈出脚步，去尝试、去探索，不必担心自己不够专业、不够完美，因为这个世界本就没有绝对的标准与答案。

在生活的舞台背后，"草台班子论"蕴含解读世界的别样视角。从其悄然萌芽，到网络浪潮中的火爆蔓延，这一概念为何能如星火燎原般触动大众心弦？本书将带你揭开"草台班子"现象的神秘面纱，一同对那些曾被光环笼罩的事物进行重新审视，探寻它如何成为我们缓解焦虑、打开生活新边界的奇妙钥匙。在玩梗与演绎中，让我们学会以清醒之姿拥抱这个不完美却真实的世界，坚守自我，不随波逐流于这"草台世界"之中。

本书以独特视角揭示生活真相，鼓励读者在混乱的世界中找准自身定位，勇敢去做主角，积极塑造生活；让读者在共鸣中重新审视世界与自我，探索生命的无限可能，为在这个社会中奋斗的人们提供了别样的生活哲学与前行力量。

希望通过这本书，能让更多的人看清世界的这一本质，以更加从容、自信的姿态面对生活的种种挑战，在这个复杂多变的世界里，找到属于自己的舞台，绽放出独特的光芒。

让我们一起，以一种全新的视角，去解读这个世界，去拥抱这个充满了可能性与不确定性的人生。

目 录

第一章
现实祛魅解析:"草台班子"现象解码 /001
网络爆梗溯源:"草台班子"的起源与走红脉络 /002
全民共鸣剖析:"草台班子"为何会引发大众共鸣 /003
不同文化语境下的"草台世界"多元解读与跨文化比较 /004
生活乱象透视:为何世界看似"草台班子"及深层意蕴 /007
打破滤镜,重新审视那些戴着光环的事物 /008
玩梗演绎探究:如何对世界保持清醒认识 /010

第二章
世界或许混沌无序,但我自有章法 /013
自我认知探寻:找到自己就找到了世界 /014
不要怕自己能力不够,再厉害的人也是边干边学 /017
大部分工作没有想象中那么难,普通人也能胜任 /019
可以仰视,但不要神化任何一个人和群体 /021
再优秀的价值系统,也不能按部就班、一成不变地去遵循 /022
主动掌控自己的人生轨迹,于混乱中雕琢独特自我 /024
依循内心渴望,力避随波逐流 /025
站着做人:以自信姿态展现气质与风度 /028

懂得自省，找到最合适自己的路 /030
一张普通的画纸，同样可以装下整个世界 /032
没有什么能妨碍我们为了更好的未来而努力奋斗 /034

第三章
打开生活的边界，探寻世界运行的规律 /036

探索这个世界运行的规律，发现隐藏规律的技巧 /037
面对不公平的规则，我们也可做规则的制定者 /039
探寻日常生活中的隐藏规律，找到突破日常局限的方法 /040
揭秘社交场合中的潜在规则，巧用规律破局 /042
借助科技工具，挖掘生活中的"彩蛋" /044

第四章
打破思维壁垒，拆掉思维里的墙 /046

"越狱"经验牢笼，开启思维新航线 /047
敢于质疑，挣脱固有思维的桎梏 /049
踢开定式思维"绊脚石"，跳出惯性思维的坑 /052
转变固有的思维方式，改变自己的人生 /055
先有超人之想，后才有超人之举 /058
告别"人云亦云"羊群，勇当思维"领头羊" /061
打破"思维围墙"，让创意来"串门" /062
跨界学习，打破思维"次元壁" /065
用成功者的思维方式去思考问题 /068

第五章
想赢就要敢上场，让自己先登上舞台 /072

别等万事俱备，先上场才有机会 /073
怕输就会输一辈子，敢上场才是出路 /074
打破恐惧枷锁，迈出上场第一步 /076

锻造强者心态，信念为你保驾护航	/079
打磨核心技能，实力才是硬通货	/081
组建优质团队，携手共进赢未来	/084
从容应对挫折，挫折是成功的阶梯	/087
对这个世界祛魅，你就能更好地做自己	/090
敢于试错，人生的容错率大到你无法想象	/091
持续复盘精进，胜利没有终点线	/093

第六章
人生的舞台，要学会谋篇布局　　　　　　　　　/096

格局决定命运，布局影响人生	/097
格局的大小，影响着人生发展的方向	/098
人生虽充满变数，但规划必不可少	/100
不必忧虑规划不够完美，先行动再优化	/103
即使是绘制宏伟蓝图，也要从细微处着手	/104
主动勾勒人生框架，在变化中塑造精彩人生	/106
追随内心愿景，不因外界干扰偏离航线	/108
把握关键节点，实现人生跃迁	/111
善于反思总结，找到最契合自己的人生布局	/114
复盘过往经历，持续优化人生布局	/116

第七章
做人不能太死板，做事要有勇有谋　　　　　　　/120

摒弃过度老实之态，适时果敢出击显担当	/121
不与"小人"较劲，把力气用在正道上	/123
一路"升级打怪"，努力提升个人的段位	/126
告别死板，秉持灵活处世哲学	/128
学会好好说话，避免激化矛盾	/131
历史的阳谋：洞察权谋背后的生存智慧	/134

锤炼阳谋思维，掌控人生棋局	/136
阳谋实战指南：于明处布局，从暗中着力	/137
洞察对手策略，知己知彼方能胜	/139

第八章
秉持"草根精神"躬身入局，开启未来无限可能之门 /142

探寻"草根精神"的力量源泉，挖掘逆袭崛起的密码	/143
于"草台"般混乱环境中，实现从 0 到 1 的突破	/144
打破完美主义神话，注重实际行动和结果	/146
摸着石头过河，灵活应对意外情况	/148
激发出"草台班子"中每个人的韧性和潜力	/150
专注当下任务，把每一件小事都当作展示自我价值的机会	/153
在有限的条件下，最大限度地开发自身潜力	/155
前行受挫，要快速调整自己的状态和目标	/158
持续学习新的知识和技能，使自己具备多维度的能力	/160
行动果敢，抢占成功先机	/162

第九章
内心强大的秘诀是我永远喜欢我自己 /164

真正的内心力量，源于对自我的接纳与珍视	/165
我就是世界的主角，我要主宰自己的命运	/166
自强自爱，构筑内心的钢铁堡垒	/167
拒绝自我矮化，坚定人能我亦能的信念	/170
没人能替你做决定，所有人的意见都只能是参考	/172
时刻散发"主角光环"，照亮生活之路	/173
于"草台"喧嚣中独自修行：孤独里的自我陪伴与成长升华	/176
风物长宜放眼量，要看到自己未来的无限可能	/179
在看似"草台班子"式的世界中寻找和实现自身价值	/181

第一章
现实祛魅解析:"草台班子"现象解码

加缪在剧作《卡利古拉》中说:"这个世界并不重要,谁承认这一点谁就赢得了自由。"

生活常以井井有条的表象示人,殊不知其内里暗流涌动、玄机暗藏,切不可被这层虚幻的外衣所蒙蔽。让我们一起揭开"草台班子"现象的神秘面纱,深入探寻现实的本质,开启对世界别样认知的大门。

网络爆梗溯源："草台班子"的起源与走红脉络

"草台班子"最初源自中国古代的戏曲行业。在古代，一些非正式戏班为了谋生，不得不在全国各地四处奔走，在乡村集市等公共场所临时搭建起简陋的演出舞台，俗称"草台"；因这类戏班子条件有限，演员水平参差不齐，被戏称作"草台班子"。演变到后来，便被比喻那些临时拼凑、水平不高的团体或组织。

殊不知到了如今的互联网时代，它竟被赋予了新的含义，**成为对世界运行方式的讽刺和反思**。

"世界是一个巨大的草台班子"这一网络流行语早在2023年就已出现，2024年使用量激增，成为热门流行语。它原本用来形容某些团队或组织缺乏规范性和有序性，表达出对现实世界的观察和感受。网友们围绕此流行语进行大量演绎，从而使其传播范围日益广泛；一些名人如马斯克和罗翔等人的引用，也推动了该词的流行。

关于"世界是个巨大的草台班子"的具体出处现仍存在争议，有网友言之凿凿地说是马斯克在自传里所写或罗翔所说。但实际上这些说法都没有得到确认，其真正的出处目前尚无从考证。

网传马斯克在其自传中称"我的人生开挂，是因为突然意识到世界其实就是一个巨大的草台班子。那些我曾经认为很牛的人，那些我曾经遥不可及的事，当我走近他们时，突然发现他们也不过如此——**他们的成功充满了随机性和不确定性**"。

"草台班子论"因其具有更强的冲击感和内涵，在情感上满足了人们"人间清醒"的自我期待，比其他流行梗更容易博得流量，因此得以实现快速传播。

马斯克说没说过这句话已无关紧要，网友们则围绕这一流行语进行了大量的演绎，创造出了"世界是个巨大的XXX"——诸如"世界是一个巨大的火葬场""世界是一个巨大的游乐场"等类似的梗。

"世界是个巨大的草台班子"这个梗，从最初的个人感慨和嘲谑，逐渐演变成一种普遍的社会心态的反映，**体现了年轻一代**

对权威、专业性的质疑，以及对理想与现实之间落差的感慨，包含着一种幻灭和失望的情绪。人们通过这句话表达对现实中一些现象的不满和无奈，如企业决策的"拍脑袋"行为、职场中的敷衍状况、专业机构的不专业等，但也有如罗振宇所说的"世界可以是一个草台班子，但我不能是"，强调个人应超越现状，努力向上攀升。

意见领袖随性改编推波助澜，各界网友发挥想象添油加醋，直接将整个句式拱成了岁末年初最具话题性的热梗。

全民共鸣剖析："草台班子"为何会引发大众共鸣

将"草台班子"的概念应用于整个世界，可理解为世界是一个大舞台，由无数个体、组织和国家临时组合而成，呈现出混乱无序的状态。许多被人们推崇的人、事、物，只是包装得表面光鲜，背后却不尽如人意。这一表述生动形象地表达了人们对现实世界的某种"幻灭"，因此在网络上广为流传。

尽管这句话的出处已难以考证，但它所传达的对于现实的深刻洞察和批判精神，却值得我们深思。

抽丝剥茧，"世界是个巨大的草台班子"之所以能引发大众共鸣，主要有以下几个原因：

——首先，**它带有一种接地气的真实感**。

"草台班子"通常是临时拼凑、不够专业的团体，很多人在生活中都接触过类似不那么"高大上"的组织形式，比如社区的业余文艺表演队、街边小商贩的促销团队等，这种熟悉感容易让人产生共鸣。

——其次，这个词**反映了一种灵活性和顽强的生命力**。

就像在一些小成本的创业场景或者新兴的网络直播等领域，大家没有那么完备的资源和条件，但是依然能够凭借热情和一些简单的拼凑，努力去达到目标。这种拼搏精神与很多普通人在自己工作、生活中努力奋斗的状态相契合。

——再者，在当下竞争激烈、讲究规则和专业的主流环境下，"草台班子"形成了一种反差。

它让人们看到不那么完美却充满活力的一面，人们从这种反差中找到乐趣，也会联想到自己在面对复杂规则和高标准要求时的无奈，从而产生共鸣。

当然，"世界是个巨大的草台班子"这个话题对大众也产生了不同的影响。

——一方面是积极影响

它在一定程度上鼓励人们不要给自己太多包袱，不要内耗、怀疑自己，不要焦虑或逃避，要勇敢地去追求、表达，对那些不敢尝试的事物付诸行动并为之努力奋斗，为人们提供了一种心理上的慰藉和支持；帮助人们**打破对未知的恐惧，以更积极的心态去面对生活和工作中的挑战**；同时，也促使人们对世界保持一种清醒的认识，不盲目崇拜权威和所谓的专业，培养批判性思维。

——另一方面是消极影响

如果人们只是看到世界平庸不堪的一面，进而错误地认为无须努力，主张向下看齐，那么"草台班子论"可能会误导年轻人"躺平""摆烂"，失去对自我提升的追求，陷入消极怠工和无所作为的状态。此外，这种一概而论的说法还可能会让人们忽略世界上那些真正优秀、专业和值得敬畏的人和事，导致他们对世界的认识过于片面和狭隘。

不同文化语境下的"草台世界"
多元解读与跨文化比较

放眼世界，在不同文化语境下，我们随处可以发现"草台世界"的荒诞与真实。

在全球文化的多元光谱中，**"草台世界"这一概念如同棱镜，折射出各异的色彩与内涵**。它不仅是一种社会现象的隐喻，更成为窥探不同文化深层价值观与思维模式的独特视角。

1. 西方文化：个体与创新驱动下的"草台"理念

在西方文化的语境里，尤其是深受个人主义与创新思潮影响的美国，"草台世界"有着独特的呈现。

"美国梦"宣扬人人皆可凭借自身努力实现阶层跃升，这背后是一种对"草台班子"式白手起家的推崇。西方文化里，个人英雄主义盛行，他们坚信"只要思想不滑坡，办法总比困难多"，就算是"草台班子"，只要有独特创意和钢铁般的执行力，就能在商业战场里杀出一条血路。

像埃隆·马斯克，他投身电动汽车与太空探索领域时，面对的是传统汽车行业的成熟体系和太空探索的高风险与高成本。他的创业团队恰似一个"草台班子"，没有深厚的行业根基，却凭借大胆的创新理念和个体的不懈拼搏，逐步打破行业壁垒。

这反映出西方文化中对个人能力与创新精神的高度重视，即使资源有限，看似不成体系，但**只要有独特的创意和坚定的执行力，就能在市场竞争的"草台世界"中闯出一片天地**。

2. 东方文化：集体智慧与和谐秩序下的"草台"诠释

东方文化，以中国和日本为典型代表，在看待"草台世界"时，二者有着截然不同的侧重点。

在中国，传统文化强调集体主义与和谐秩序。从古代民间的手工作坊到现代的创业团队，虽然有时也会面临资源短缺、组织不够完善的情况，但团队成员往往能凭借深厚的文化底蕴和集体协作精神，在"草台"般的环境中稳步前行。

例如，一些乡村地区的手工艺合作社，成员们虽缺乏专业的商业知识和完善的生产设备，但凭借着代代相传的技艺和相互扶持的合作意识，共同开拓市场，传承文化遗产。

在中国，乡村的那些民间艺术传承，那就是"草台班子"的文艺秀。一群大爷大妈，没经过专业训练，就凭着对传统艺术的热爱，在村里搭个戏台子，唱起了大戏。那服装道具可能都是自己手工做的，破破烂烂，可一开口，那韵味，那精气神，一点不比专业剧团差。他们靠的是啥？是对传统文化的坚守和骨子里的集体荣誉感。

在中国文化中，集体的力量大于一切，就像那句"众人拾柴火焰高"，就算条件简陋，只要大家心往一处想、劲往一处使，再小的"草台班子"也能绽放出耀眼光芒。

而在日本，企业管理中的"和"文化深入人心，即使在创业初期条件简陋，团队成员也能紧密团结，**以追求整体目标的实现为导向，在"草台"基础上构建起稳固的事业根基**。

有些日本初创公司，一开始可能就几个人，挤在狭小的办公室里，没资金、没名气，可他们靠着"和"文化，把团队拧成一股绳。大家互相尊重、互相支持，一起加班熬夜，一起攻克难题。他们就像紧密咬合的齿轮，在商业的复杂运转中协同发力，稳步成长。在日本文化里，和谐与团结是成功的秘诀，哪怕是临时拼凑的"草台班子"，只要内部和谐，也能爆发出惊人的能量。

3. 非洲文化：部落传统与韧性精神下的"草台"实践

非洲文化以其独特的部落传统和强大的韧性精神，赋予"草台世界"别样的内涵。

在非洲的部落社会中，社区的凝聚力和传统的传承至关重要。当面临发展困境时，部落成员会依靠传统的智慧和紧密的社会联系，共同应对挑战。

在非洲这片神秘的大陆上，部落文化构成了"草台世界"的底色。非洲的部落，就像一个个天然的"草台组织"。他们没有先进的科技，没有完善的制度，靠着部落的凝聚力和顽强的韧性，在恶劣的自然环境里生存繁衍。遇到天灾人祸，部落成员们齐心协力，一起对抗困难。他们的生活简单而纯粹，没有太多的条条框框，却充满了对生命的敬畏和对未来的希望。就像那句**"最原始的，往往也是最有生命力的"**，非洲的部落文化，用最质朴的方式诠释了"草台世界"的生存之道。

在一些非洲农村地区，村民们在缺乏先进农业技术和设备的情况下，凭借着对土地的深厚情感和部落内部的互助机制，开垦农田、发展农业。他们的生活和生产方式看似简单，如同一个"草台班子"，但蕴含着强大的生命力和适应能力。

这种在艰苦环境中不屈不挠、依靠集体力量谋求发展的模式，体现了非洲文化对社区团结和传统延续的坚守。

这些不同文化语境下的"草台世界",就像一场没有剧本的全球大戏,每个地方都有自己独特的演绎方式。不同文化语境下的"草台世界"解读,揭示了人类在面对复杂多变的社会环境时,以各自独特的文化价值观为指引,展现出丰富多彩的应对方式和发展路径。

不管是西方的个人英雄式创业,还是东方的集体协作,抑或非洲的部落坚守,都告诉我们一个道理:生活没有固定的模式,成功也没有标准答案。<u>在这个看似混乱的世界里,只要我们找到自己的节奏,坚守自己的信念,就能活出属于自己的精彩人生。</u>

生活乱象透视:
为何世界看似"草台班子"及深层意蕴

在日常生活的琐碎与繁杂中,只要我们稍加留意,便能惊觉这个世界仿佛是一个巨大的"草台班子",各种乱象丛生,毫无章法,漏洞百出。这并非危言耸听,而是对生活本质的深刻洞察。

就拿全球的供应链体系来说,本应是精密运转的庞大系统,却时常在突发事件面前暴露出草台本质。

2021年,苏伊士运河被一艘巨型货轮意外堵塞,这一意外事件使得全球供应链陷入混乱。作为全球最重要的海运通道之一,苏伊士运河承担着约12%的全球贸易运输量。此次堵塞导致大量货船在运河两端滞留,每天有价值约96亿美元的货物运输受阻。欧洲的汽车制造业因零部件供应中断面临停产危机,许多汽车生产线被迫暂停。依赖中东石油的国家,能源供应也受到严重影响,油价大幅波动。而在疏通运河的过程中,各方协调缓慢,不同国家和企业之间的沟通效率低下,信息传递存在严重滞后。从航运公司、运河管理方到相关国家政府,面对这一突发状况,应对措施显得杂乱无章,就像临时拼凑的"草台班子",完全没有展现出成熟高效供应链体系应有的快速响应和危机处理能力。

这哪里像一个成熟、高效的体系?分明就是一群临时拼凑的"草台班子",面对突发状况时手忙脚乱、毫无应对之策。看似稳固的商业大厦，在意外的狂风中，竟如草台搭建般摇摇欲坠。

真正的秩序，不应是表面的整齐，而应是在混乱中迅速重构的能力。

再看网络社交平台，本应是连接人与人的桥梁，却成了信息混乱的重灾区。谣言、虚假信息如野草般肆意生长，真相往往被掩埋在海量的垃圾资讯之下。一些自媒体为了流量不择手段，断章取义，歪曲事实，炮制出一篇篇博眼球的文章。网友们在不明真相的情况下，盲目跟风，情绪化发言，导致网络暴力频发。

这样的网络社交环境，就像一个缺乏有效管理的草台班子，看似热闹非凡，实则混乱无序。在虚拟的网络世界里，信息的传播如同失控的野马。社交平台本应是驯马师，却常沦为看客。正是因为缺乏责任与担当，再美好的社交愿景也只是泡影。

生活的表象或许光鲜亮丽，但深入其中，便能发现诸多乱象。认清世界的"草台"本质，不是让我们消极对待，而是要在这看似无序的环境中保持清醒，寻找属于自己的秩序与价值。

现实中的生活，就像一场没有剧本的即兴演出，每个人都在慌乱地应对各种突发状况。**生活就像一盒巧克力，你永远不知道下一颗是什么味道，**但有时候，这颗"巧克力"的味道实在是太让人难以接受了。

不过，也许正是这些混乱和无序，才构成了生活的真实模样。毕竟，在这五彩斑斓的世界中，我们要学会不断成长，学会在混乱里寻找秩序，学会在表象中找寻真谛。

打破滤镜，
重新审视那些戴着光环的事物

在生活的舞台上，我们常常像懵懂的观众，被那些戴着光环的事物迷得晕头转向。可当我们擦亮双眼，撕下它们虚假的"美颜滤镜"，才惊觉，很多时候，我们不过是被精心编织的幻象玩弄于股掌之间。

就拿职场来说，"大厂"一直是无数求职者心中的圣地，那高大的写字楼、闪亮的招牌，仿佛在昭告着这里就是梦想启航的地方。可当你真正踏入，才发现里面的门道可不少。

曾经有个朋友，好不容易进入一家知名大厂，本以为能大展宏图，却被繁重的工作任务压得喘不过气。无休止地加班，复杂的人际关系，形式主义的会议，让他每天都疲惫不堪。

所谓的"大厂光环"，不过是华丽的包装，里面藏着的是无尽的压力和无奈，很多人以为进了"大厂"就等于拥有了成功的人生，却忘了，真正的价值不在于公司的名气，而在于自己的成长和收获。

光环只是暂时的光芒，实力才是永恒的底气。

再看看娱乐圈，明星们站在聚光灯下，光彩照人，粉丝们疯狂追捧，把他们捧上了神坛。可镜头背后呢？人设崩塌的新闻屡见不鲜，虚假的演技，混乱的私生活，让人大跌眼镜。

那些曾经被粉丝视为完美偶像的明星，不过是和我们一样有着七情六欲的普通人，甚至在某些方面还不如普通人。我们总是容易被明星的外表和名气迷惑，却忽略了他们作为公众人物应有的品德和责任。

别让偶像的光环蒙蔽了你的双眼，看清他们真实的模样，才能找到真正值得追随的方向。

在这个信息爆炸的时代，滤镜无处不在，它让我们看到的世界被美化、扭曲。我们常常戴着有色眼镜去看待事物，赋予它们虚幻的光环；而当我们鼓起勇气打破滤镜，那些原本被神化的事物，或许会呈现出截然不同的一面。

在学术领域，一些知名学者头顶着权威光环，其言论被众人不假思索地接受。例如，曾有一位在经济学领域颇具声望的学者，发表了一篇关于经济发展趋势的论文，引发广泛关注。但随着时间推移，其他学者深入研究发现，这篇论文的数据存在漏洞，结论也缺乏足够支撑。原来，这位学者为了追求学术成果的快速产出，在研究过程中急于求成，忽视了严谨性。

这让我们明白：学术权威的光环不应成为盲目信任的理由，打破滤镜，以批判性思维审视学术成果，才能推动学术进步，不被虚假理论误导。

我们总是习惯于给事物披上一层光环，然后盲目地追捧和崇拜。却忘了，光环背后，可能是千疮百孔的现实。当我们打破这些滤镜，重新审视那些被神化的事物，才能看清生活的真相，找到真正的价值所在。

所以，下次当你被某样事物的光环吸引时，不妨停下来，问问自己：这是真实的它，还是我想象中的它？只有这样，我们才能在这个充满诱惑和假象的世界里，保持清醒，不被误导。

光环之下未必是真金，滤镜背后往往藏着虚幻。**打破滤镜，重新审视事物，是我们摆脱盲目崇拜、回归理性的关键**。只有这样，才能在复杂的世界中洞察真相，不被表象迷惑。

这世上，没有谁是绝对完美的，也没有哪个群体能永远保持光辉形象。光环之下，皆是凡人。我们要学会理性看待，不被虚假的表象左右，这样才能在生活中保持清醒，做出正确的判断。

玩梗演绎探究：
如何对世界保持清醒认识

人们用"草台班子"这个名词来概括世界，或是表达着"世界不过如此"的嗤声嘲弄，或是流露出对"世界竟然如此"的无可奈何，又或是惊叹于"世界原来如此"的恍然大悟。

人们玩"世界"梗，也是在寻找复杂世界中的些许共性，努力去看清世界的本质，从而触碰世界运行的逻辑，在其中遇见那个本真的自己。

无论我们如何去解读"草台世界"这一言论，总的来说，它对我们现实生活的世界实实在在地产生了不可忽视的影响。

1. 对个人的影响

——心态塑造

"草台理论"让人们认识到成功并非遥不可及，那些看似高高在上的人或事，走近后可能发现不过如此，从而减少对权威和既定模式的盲目崇拜与敬畏，增强自信，相信自己在看似混乱的环境中也有机会取得成功。

——行动激励

"草台理论"鼓励人们勇于尝试和行动，不要被外界的不完美或不确定性吓倒。"先完成，再完美"的理念使人们不再因追求完美而犹豫不决、拖延不前，而是**积极迈出第一步，在实践中不断改进和完善**。

2. 对创业的影响

——团队组建

"草台理论"为创业者提供了一种新的用人思路，即不必过分追求团队成员的完美和全面，而是可以寻找那些有激情、有创新精神、志同道合的人；即使他们经验不足，也可能在共同的奋斗中发挥巨大潜力，组建出具有高度凝聚力和执行力的团队。

——创新推动

"草台班子"往往更具灵活性和创新精神，他们敢于突破传统思维和既定模式，尝试新的方法和技术，从而为企业带来创新活力，在竞争中脱颖而出。同时，这种理念也促使创业者在资源有限的情况下，充分发挥创造力，以低成本、高效率的方式实现创业目标。

3. 对行业的影响

——竞争格局改变

马斯克的成功让其他企业认识到，传统的、看似强大的行业巨头并非不可挑战，一些新兴的、看似"草台班子"的企业也可能凭借创新和勇气在市场中占据一席之地，从而加剧了行业竞争，推动整个行业的变革与发展。

——人才流动与培养

"草台班子"吸引了更多有才华、有抱负的年轻人投身到新兴领域和创新型企业中，他们不再局限于传统的职业发展路径，而是更愿意在充满挑战和机遇的"草台班子"中展现自己的才能，同时也促使行业更加注重对创新人才的培养和发掘。

4. 对传统观念的挑战

——打破完美主义神话

传统观念往往追求完美的计划、完美的团队和完美的开局，但马斯克表明，即使在不完美的条件下，也可以通过不断努力和尝试取得成功，打破了人们对完美主义的过度追求，使人们更加注重实际行动和结果。

——质疑权威与既定秩序

"草台理论"暗示那些被视为权威或拥有既定地位的人或组织，可能并不像表面上那样强大和不可撼动，他们的成功可能也存在一定的偶然性和包装成分，从而引发人们对传统权威和既定秩序的质疑，推动社会的思想解放和变革。

5. 与第一性原理的关系

——透过现象看本质

"草台理论"与马斯克所倡导的第一性原理密切相关。第一性原理强调从最基本的原理和事实出发，不被既有经验和传统思维所束缚。在"草台班子"的实践中，马斯克正是**运用第一性原理，深入挖掘事物的本质，找到解决问题的关键**，从而在看似混乱和不确定的环境中，实现了从 0 到 1 的突破和创新。

——避免过度依赖经验

人们往往会受过去经验的束缚，习惯性地按照以往的方式思考和解决问题。而在传统零售行业向电商转型的过程中，很多商家起初只是简单地把线下商品搬到线上平台，没有考虑到电商环境下消费者的行为变化、购物体验的差异等新因素。

因此，为了突破这种依赖经验的困境，我们要**时刻提醒自己回归到事物的基本原理，将每一个问题都当作全新的挑战**。在思考创新方案时，先摒弃过往的经验，从最基础的层面分析问题。比如，电商创新可以从购物的本质（消费者需求的满足、商品信息的高效传递、便捷的支付和物流等）出发，重新构建购物流程，而不是依赖传统零售的经验。

第二章
世界或许混沌无序,但我自有章法

　　但丁说:"走自己的路,让别人去说吧!"
　　世界或许杂乱无章,充满随机与变数,可这绝不是我们随波逐流的理由。在这看似无序的"草台世界"里,唯有坚守自我,才能成就独特的人生。

自我认知探寻：
找到自己就找到了世界

解锁自我密码，才能拥抱真实世界。

在这眼花缭乱的世界里，我们常常像无头苍蝇般乱撞，四处追寻成功的秘诀与幸福的真谛，却忘了最关键的那把钥匙——自我认知。

"认识你自己"，这句古老的箴言，穿越千年的时光，依旧振聋发聩。找到自己，就如同找到了打开世界大门的密码，一切都将豁然开朗。

瞧瞧那些在创业浪潮中折戟沉沙的人，很多都是因为没有清晰的自我认知。

前几年共享经济大火的时候，无数创业者跟风涌入，以为找到了财富密码。

有个朋友，看到别人做共享单车赚得盆满钵满，也一头扎了进去。他既没有深入了解市场需求，也没有评估自己的运营和管理能力，仅凭一腔热血就开启了创业之路。结果呢？资金链断裂，团队分崩离析，他不仅赔光了积蓄，还背负了一身债务。

他不是输在项目本身，而是输在了对自己的盲目自信上。"人贵有自知之明"，不了解自己的优势和短板，就贸然行动，无异于"盲人骑瞎马，夜半临深池"。

再看看职场上那些频繁跳槽的人，他们总觉得下一份工作会更好，却从未认真思考过自己真正想要的是什么、擅长什么。

我的同学小李，毕业五年换了七八份工作，每次都是干了几个月就觉得不满意，不是嫌工作太累，就是觉得工资太低。他在各个行业之间跳来跳去，看似机会很多，实则一事无成。因为他没有明确自己的职业方向，没有积累起核心竞争力。

人生就像射箭，梦想就像箭靶子，连箭靶子都找不到在哪，你每天拉弓有什么用？只有清楚自己的目标和价值，才能在职场中找到属于自己的位置。

与之形成鲜明对比的是著名运动员苏炳添。他作为一名短跑运动员，深知自己的身体素质和欧美选手相比不占优势。但他没有盲目模仿别人的训练模式，而是通过不断地自我探索和分析，找到了适合自己的节奏和技术。他用日复一日的坚持和努力，一次次突破自己的极限，成为亚洲"飞人"。

他的成功告诉我们，只有深入了解自己，才能挖掘出无限的潜力。

每个人都是独一无二的宝藏，只有自己才能找到开启宝藏的钥匙。

自我认知，是一场与自己的深度对话，是一场对内心世界的勇敢探索。只有当我们真正认识自己，接受自己的优点和不足，明确自己的目标和价值，才能在这个纷繁复杂的世界中找准方向，坚定前行。

"认识你自己"被公认为希腊哲人最高智慧的结晶。一个不断经由认识自己、批判自己而改造自己的人，智慧才有可能渐趋圆熟而迈向充满机遇之路。

找到自己，就找到了世界，因为世界是我们内心的投射，当我们内心清晰坚定，整个世界也将为我们让路。

自我认知是一个不断探索和深化的过程，可从以下几个方面入手：

1. 自我探索

——了解自己的价值观

思考什么对自己最重要，如家庭、事业、健康、自由等，可通过分析过去的重要决策或对不同生活场景的偏好来确定。比如在面临工作选择时，是更看重薪资还是工作的稳定性、个人成长空间等，由此判断自己在职业方面的价值观。

——认识自己的性格特点

借助性格测试工具，如MBTI、九型人格等初步了解自己的性格类型，再结合日常行为表现和他人评价，分析自己是内向还是外向、是更注重细节还是更关注整体等。

——明确自己的兴趣爱好
　　回顾自己在业余时间喜欢做什么，是绘画、阅读、运动还是其他，这些活动往往能反映出自己的兴趣所在。也可以尝试参加各种新的活动，看哪些能让自己产生持续的热情和投入。

2. 收集反馈

　　——主动征求他人意见
　　与家人、朋友、同事等交流，询问他们对你的看法，包括优点和不足。比如可以定期与同事进行工作反馈交流，了解自己在团队合作、工作能力等方面的表现。
　　——观察他人反应
　　在与他人交往中，留意他人对你的行为、言语的反应，从中推断自己给他人的印象和可能存在的问题。例如，如果你说话时他人经常表现出不耐烦或困惑，可能需要反思自己的表达是否清晰或过于啰唆。

3. 分析经历

　　——回顾成功经历
　　思考自己过去取得成功的事情，无论是大的成就还是小的进步，分析自己在其中发挥的优势和能力，比如成功完成一个重要项目，可能说明你有较强的组织协调能力和专业能力。
　　——反思失败经历
　　从失败中吸取教训，分析是什么原因导致失败，是自身的知识技能不足、态度问题还是外部因素等，从而明确自己需要改进的地方。

4. 持续学习与实践

　　——阅读与学习
　　阅读心理学、自我成长等方面的书籍和文章，参加相关课程或讲座，了解自我认知的理论和方法，不断丰富自己对人类心理和行为的理解，从而更好地认识自己。
　　——尝试新事物
　　通过不断挑战自我，参与新的工作项目、社会活动等，在不同的情境中发现自己的潜力、不足和新的兴趣点，进一步拓展自我认知的边界。

在这纷繁复杂、"草台班子"般的世界里，无数人在物欲横流与外界喧嚣中迷失方向，四处碰壁后才惊觉，原来自我认知才是解锁世界奥秘的密码，找到自己就等同于找到了世界。

世界看似复杂多变，实则与自我紧密相连。当我们勇敢地探索内心，实现深度的自我认知，就如同找到了开启世界大门的钥匙，能在这广袤天地间自由驰骋，拥抱无限可能。

不要怕自己能力不够，再厉害的人也是边干边学

能力不足？别慌！边干边学才是王道。

在追求梦想的道路上，总有人在机会面前畏畏缩缩，心里念叨着"我能力不够，干不了这事儿"。可真相是，那些让你仰望的厉害人物，没一个是一开始就身怀绝技、无所不能的。他们都是在摸爬滚打中一路升级，边干边学，最后才站到了高处。

马斯克在电动汽车和太空探索领域的成就举世瞩目，可起初他也并非专家。涉足电动汽车时，他对汽车制造和电池技术的了解有限，但他没有因能力短板而放弃。在特斯拉发展的过程中，面对技术难题，马斯克一头扎进资料堆，与工程师们日夜钻研，从电池续航到自动驾驶技术，逐个攻克。SpaceX项目同样如此，火箭发射原理复杂，涉及多个学科知识，马斯克从基础学起，不断学习航天技术、轨道力学等知识，在一次次失败中总结经验。

马斯克用行动证明：**能力不是限制行动的枷锁，行动是提升能力的阶梯**。哪怕起点低，只要敢干敢学，也能在未知领域开疆拓土。

马云创建阿里巴巴时，中国互联网行业尚处于萌芽阶段，他也没有互联网和电商运营的经验。当时外界对电商模式充满质疑，且面临资金短缺、技术人才匮乏等难题。但马云没有因自身能力不足

而退缩，他带着团队四处取经，拜访国内外互联网企业，学习先进经验。在实践中，他不断摸索适合中国市场的电商模式，从搭建交易平台到解决支付信任问题，一步步将阿里巴巴发展壮大。

创业之路没有预设的能力模板，边干边学是突破困境的法宝。不要因害怕能力不够而错过时代机遇，行动起来，在干中学，方能在商业浪潮中扬帆起航。

屠呦呦在研发青蒿素时，条件艰苦，科研设备落后，且疟疾防治研究困难重重。她虽有扎实的中医药知识，但对现代医学实验方法的掌握并不全面。然而，屠呦呦没有被困难吓倒，她在研究过程中边实践边学习现代医学实验技术，从传统中医药典籍中寻找灵感，不断改进提取方法。经过无数次实验，她终于成功提取青蒿素，为全球疟疾防治做出巨大贡献。

科研的道路荆棘丛生，能力不足是暂时的困境，边干边学是前进的动力。不要因恐惧能力短板而放弃探索，在实践中积累知识，方能在科学的海洋中找到真理的彼岸。

能力不足只是暂时的，害怕行动才是真正的阻碍。只要勇敢迈出第一步，在实干中不断学习，每个人都能突破能力边界，实现自我价值。

快递行业兴起时，很多人觉得这工作又苦又累，还没啥技术含量。但就是一群普普通通的人，靠着自己的双脚和一辆辆电动车，撑起了庞大的物流网络。他们没学过复杂的物流理论，却在一次次送货上门、处理订单中，熟悉了业务流程，成了行业中不可或缺的一环。那些风里来雨里去的快递员，不就是从最平凡的"拧螺丝"工作做起，实实在在改变了人们的生活方式？

平凡的岗位，也能做出不平凡的业绩，英雄不问出处，实干才是出路。

总担心自己能力不够，不过是给自己的退缩找借口。"纸上得来终觉浅，绝知此事要躬行"，不迈出步子去干，能力永远不会自动提升。别等万事俱备才行动，在干中学，在学中干，你会发现自己远比想象中强大，也能像那些厉害人物一样，在不断学习成长中，实现自己的价值。

大部分工作没有想象中那么难，普通人也能胜任

面试"造火箭"，入职"拧螺丝"，工作真相与普通人的潜能往往出人意料。

在求职的江湖里，"面试造火箭，进去拧螺丝"这话，简直是无数打工人的心声，精准吐槽了理想与现实的落差。但换个角度看，它背后藏着一个被忽略的真相：大多数工作，普通人都能轻松拿捏。

在当今社会，不少人对工作存在一种迷思，认为那些看似光鲜亮丽、待遇优厚的岗位，必定需要超凡的能力与学历，只有精英才能胜任。但事实有力地反驳了这种偏见——大部分工作普通人都能胜任。

就拿互联网行业来说，产品经理岗位一度被视为高不可攀。外界传言，产品经理须具备敏锐的市场洞察力、卓越的沟通协调能力以及深厚的技术知识储备。可当我们深入了解就会发现，许多成功的产品经理并非名校出身，也没有超凡的天赋。

以微信产品经理张小龙为例，他并非出身互联网名门，早期也是在不断摸索中前行。微信的诞生，并非一蹴而就，而是在不断收集用户反馈、分析市场需求中逐步完善。

产品经理的日常工作，如需求调研、功能设计、项目跟进等，普通人经过学习与实践，完全能够掌握。

工作的难度常被人为夸大，就像给普通岗位披上了精英的外衣。褪去光环，你会发现，**只要用心钻研、持续学习，平凡人也能在看似高端的岗位发光发热**。

再看金融行业的投资顾问，很多人觉得他们能在复杂的金融市场中精准投资，必定是金融天才。但实际上，投资顾问的核心工作是为客户提供资产配置建议，帮助客户实现财富增值。这需要一定的金融知识，但这些知识并非遥不可及。普通人通过学习金融基础知识，了解各类投资产品的特点与风险，再结合实际工作中的经验

积累，完全可以胜任。

像一些普通的理财顾问，从最初对金融产品一知半解，到后来能根据客户的财务状况和风险偏好，制定合理的投资方案，靠的就是不断学习与实践。

金融市场看似高深莫测，投资顾问的工作却并非天才专属。**知识是可以积累的，经验是可以沉淀的，**普通人只要肯下功夫，也能在金融领域分得一杯羹。

大部分工作没有想象中那么难，普通人也能胜任。千万不要被所谓的高门槛吓倒，只要有学习的决心、实践的勇气，平凡人也能在职场中书写属于自己的精彩篇章。

麦当劳创始人雷·克洛克，起初只是个推销纸杯的小商贩。一次偶然的机会，他发现了麦当劳兄弟经营的汉堡店，看到了快餐行业的潜力。他不懂餐饮管理，不懂如何打造连锁品牌，但这并不妨碍他买下麦当劳经营权，开启创业之路。他在实践中学习如何选址、如何培训员工、如何优化菜品，最终把一家小小的汉堡店发展成全球快餐巨头。

他用行动证明：哪怕起点低，哪怕看似毫无相关经验，只要肯在工作中学习、积累，普通人也能创造商业传奇。

日常工作哪有那么多"造火箭"的高、精、尖！90%的岗位，本质上就是不同形式的"拧螺丝"，考验的是耐心、细心和责任心。别被面试时的高大上说辞唬住，也别小瞧自己。"万丈高楼平地起"，每一个看似平凡的岗位，都是成长的基石。只要你肯扎根其中，用心去做，普通人也能在这看似平凡的工作里，创造属于自己的精彩人生。

工作没有高低贵贱之分，那些看似高、大、上的岗位，也离不开基础工作的支撑。面试时的"造火箭"话术，不过是吸引人才的噱头；真正决定工作成果的，是在平凡岗位上的默默耕耘。

可以仰视，
但不要神化任何一个人和群体

在生活这场大戏里，我们常常像被施了魔法，不自觉地给他人和群体套上一层绚丽的光环，把他们捧上神坛。可当你勇敢扯下那层虚假的滤镜，看到的可能是让人大为震惊的现实。

在人生的漫漫旅途中，我们时常被灌输"崇拜强者"的观念，不知不觉就陷入了对他人和事物的盲目仰视中。但静心审视便会发现，那些被神化的对象并非完美无缺，不值得过度推崇。

古往今来，许多被奉为神明的历史人物，在深入了解后也会发现其身上的不足。

回溯历史，亚里士多德，这位古希腊的著名哲学家、科学家，堪称古希腊文化的集大成者，对西方思想和科学发展影响极为深远。然而，他的理论体系并非无懈可击。在物理学领域，他提出物体下落的速度和重量成正比的观点，这一错误认知在长达千年的时间里主导着人们对落体运动的理解，直到伽利略通过著名的比萨斜塔实验，才纠正了这一偏差。亚里士多德的生物学研究同样存在瑕疵，由于当时研究条件的限制，他对生物分类和生理结构的认知存在诸多不准确之处。

我们敬仰亚里士多德的学识，却不应盲目迷信，他也不过是在所处时代努力拓展人类认知边界的探索者。"人非圣贤，孰能无过"，再伟大的人，也会受到时代的局限。

比如亚历山大大帝，他凭借卓越的军事才能，横扫欧亚非大陆，建立起庞大的帝国，被无数人景仰。然而，在他的辉煌背后，是无数的战争与杀戮。他的征服给不同地区的人民带来了巨大的灾难，他的决策也并非总是明智；晚年，更是陷入了权力的迷障，变得刚愎自用。

在这世上，没有谁能摆脱人性的弱点，没有哪个群体能做到绝对完美。**光环只是虚幻的泡影，真实才是生活的底色**。只有摒弃幻想，不被虚假光环左右，我们才能在这复杂的世界里，保持清醒，做出正确的判断，走好自己的路。

再看体育界，曾经的自行车运动传奇阿姆斯特朗，七次获得环法冠军，他的拼搏精神激励着无数人，被视为体育界的英雄。粉丝们对他顶礼膜拜，把他的训练方法奉为圭臬。然而，后来他被爆出长期使用兴奋剂，那些辉煌的成绩瞬间蒙上了阴影。他从神坛跌落，成了被唾弃的对象。

这让我们明白，再耀眼的光环，也掩盖不了人性的瑕疵。盲目崇拜一个人，可能只是在追捧一个虚幻的形象。

在现代商业世界，乔布斯是被无数人奉为神明的存在。他带领苹果公司推出了一系列具有划时代意义的产品，改变了人们的生活方式。但乔布斯的管理风格也备受争议，他脾气暴躁，对员工要求近乎苛刻。他的成功固然值得钦佩，但绝不是不可超越的神话。

我们可以学习他的创新精神，却不应将他神化，仰视到让自己丧失了创新的勇气。**每个人都是自己生活的主角，无须在他人的光芒下黯然失色。**

盲目仰视他人，会让我们失去独立思考的能力，变得盲目跟风。我们应保持理性和客观，认识到每个人、每个群体都有优点和不足。我们尊重他人的成就，但不能盲目崇拜。以平等的视角去看待周围的一切，才能在生活中保持清醒，做出正确的判断。

盲目崇拜他人，只会让我们在他人的阴影中迷失自我；过度仰视事物，会让我们忽略自身的价值和潜力。这世界上，没有天生的王者，也没有绝对完美的事物。我们应平视他人，以平等的视角去学习、去交流；我们要正视事物，以客观的态度去分析、去评判。

"我就是我，是颜色不一样的烟火"，当我们打破崇拜的枷锁，才能真正释放自己的光芒，创造属于自己的辉煌。

再优秀的价值系统，也不能按部就班、一成不变地去遵循

跳出价值牢笼，才能书写自我篇章。

在人生的赛场上，总有形形色色的价值系统试图将我们框定，

告诉我们该如何思考、如何生活。但千万别上当，**这世上压根儿没有哪套价值系统值得我们不假思索、按部就班、一成不变地去遵循。**

回首古代，封建礼教构建起一套森严的价值体系，把人分成三六九等，规定了每个人的言谈举止。女子要遵守"三从四德"，裹小脚，被困在深闺大院，失去自由行动与学习的权利；"父母之命，媒妁之言"下，无数青年男女的婚姻被包办，幸福被碾碎。像《孔雀东南飞》里的焦仲卿和刘兰芝，他们被封建礼教束缚，虽夫妻情深，却因婆婆的刁难和礼教的压迫，最终一个"举身赴清池"，一个"自挂东南枝"。

这套封建价值系统，打着传统与道德的旗号，却成了戕害人性的凶器，若盲目遵循，只会沦为时代的牺牲品。

在生活的洪流里，我们常常被各种价值系统拉扯，它们伪装成人生的指南针，试图为我们规划好每一步。但真相是，没有哪套价值系统值得我们一成不变地去照搬照学，因为真正的人生，是一场勇敢的自我探索。**墨守成规的价值体系，只能是束缚灵魂的枷锁。**

职场上，"加班文化"一度被捧为职场成功的"价值圣经"。有些企业宣扬，只有疯狂加班、毫无怨言的员工才是好员工，才能获得晋升机会。

朋友小张在一家互联网公司工作，每天工作时长超过12小时，周末也常常被工作侵占。长时间的高强度工作让他身心俱疲，身体亮起红灯，可即便如此，他的付出和收获也不成正比。

这种畸形的职场价值系统，把员工变成了工作的奴隶，牺牲了生活质量与个人成长。用健康和生活换得的工作成就，往往是一场赔本买卖。

消费主义一度甚嚣尘上，鼓吹"消费即幸福""拥有更多物质就能实现自我价值"。各种广告铺天盖地，诱惑人们购买远超实际需求的商品。多少年轻人为了追求名牌包、高档电子产品，不惜背负巨额债务，沦为"卡奴"。

在日本，曾有一段时间，年轻人被消费主义裹挟，疯狂购买奢侈品，只为融入所谓的"上流圈子"。可当经济泡沫破裂，这些被消费主义洗脑的人，不仅在物质上陷入困境，精神也陷入迷茫。

消费主义编织的价值陷阱，让我们误以为物质能填补精神的空虚,实则越陷越深。消费主义的价值系统,看似带来短暂的满足,实则是一场虚幻的梦,梦醒之后,只剩空虚。别让消费主义的浪潮,淹没你内心真正的追求。

每一套价值系统都有其产生的背景和局限性,没有一种放之四海而皆准的"标准答案"。我们要做的,是保持独立思考,不被他人的观念左右,去探寻符合自己内心的价值取向。

人生的价值,由自己定义,而非被他人的规则所定义。 只有挣脱价值系统的束缚,我们才能真正活出自我,在人生的舞台上,跳出属于自己的精彩舞步。

生活没有固定的模板,价值系统也绝非金科玉律。只有摆脱这些既定框架的束缚,听从内心的声音,我们才能找到真正属于自己的人生方向。

人生的剧本,应由自己书写,而非照搬他人的模板。

主动掌控自己的人生轨迹,
于混乱中雕琢独特自我

在这乱糟糟的世界里,有人随波逐流,把人生交给命运的洪流;有人却握紧方向盘,主动掌控人生轨迹,在混乱中雕琢出独一无二的自己。

就拿知名脱口秀演员李诞来说,他大学学的是新闻专业,本可按部就班成为一名记者,可他偏不。在看到脱口秀这个小众艺术形式的潜力后,他一头扎进其中。创业初期,团队缺资金、缺观众,四处碰壁,演出时常冷场。但李诞没有被这些困难击退,他积极打磨段子,培养新人,不断尝试新的表演形式。他没有被外界的质疑和行业的混乱干扰,主动规划每一步发展,最终把脱口秀从小剧场推向大众视野,成为行业领军人物。

人生没有既定轨道,自己的方向自己掌舵。

著名物理学家斯蒂芬·霍金,在21岁时就被诊断患有渐冻症,

全身逐渐瘫痪，不能言语，手部只有三根手指可以活动。这对任何人来说，都是沉重的打击。可霍金没有向命运低头。他凭借顽强的毅力和对科学的热爱，在极其艰难的身体条件下，继续探索宇宙奥秘。他主动调整研究方式，用仅有的活动能力借助科技设备进行科研工作，提出了许多震惊世界的理论。

霍金在这残酷的命运乱局中，雕琢出璀璨的学术人生，证明一个人即使身体被困住，思想也能在宇宙翱翔；掌控了自己的精神世界，就能主宰人生的高度。

小吴所在的公司业务调整频繁，部门内人心惶惶，很多人都在抱怨，等待被安排。但小吴不一样，她主动分析市场需求和自身优势，利用业余时间学习新技能，成功转型到公司新开拓的热门业务板块。在一片混乱中，她没有随波逐流，而是主动出击，为自己赢得了更好的职业发展。

机会总是留给有准备且主动出击的人，与其在混乱中迷茫，不如主动破局。

人生这场旅程，没有谁能替你走，也没有固定的路线图。在混乱与不确定中，只有主动掌控自己的人生轨迹，不被外界左右，坚守内心的热爱与追求，才能雕琢出独特的自我，绽放属于自己的光芒。

依循内心渴望，力避随波逐流

在这信息爆炸、观念繁杂的时代，人们好似置身汹涌人潮，极易被裹挟着随波逐流，可总有人能锚定内心渴望，逆风而行，开辟出独属于自己的独特航道。

就说毛不易，参加"明日之子"前，他只是个平凡的男护士，在医院按部就班地工作。但他内心对音乐创作的渴望如火焰般炽热，即便周围人都在按常规路径生活，他也没放弃音乐梦想。他利用业余时间写歌，把生活感悟融入旋律。在节目中，他质朴又动人的原创歌曲一经亮相，就惊艳众人。

毛不易没有因护士职业的安稳以及外界对音乐道路的质疑，而放弃内心所爱。他用行动证明：**内心的渴望是最亮的星，只要追随，就能照亮前行的路。**

马斯克也是典型例子。电动汽车和太空探索领域，在早期困难重重，传统车企和航天巨头都不看好，舆论质疑声一片。但马斯克坚信未来是清洁能源和太空探索的时代，依循内心对科技创新的渴望，不顾外界唱衰，创立特斯拉和SpaceX。特斯拉突破电池技术瓶颈，改变全球汽车产业格局；SpaceX实现火箭回收，降低太空探索成本。

马斯克没被外界的"冷水"浇灭热情，他认为，大众的观念常常落后，唯有听从内心，才能成为时代的引领者。

再看考古学家樊锦诗，大学时被分配到考古专业。当时考古条件艰苦，很多同学都想办法转行。但樊锦诗对考古充满热爱，毕业后毅然前往敦煌。在敦煌的几十年，她克服恶劣环境和家庭分离的痛苦，坚守对莫高窟研究与保护的初心。她没因外界诱惑或艰苦条件动摇，一心扑在文物保护事业上。她用行动证明：**心有所信，方能远行；听从内心的声音，才能在热爱中找到生命的意义。**

在人生岔路口，多数人的选择未必正确，外界的声音也并非真理。唯有依循内心渴望，不被世俗左右，才能在这纷繁世界找到真正属于自己的方向，实现人生价值。

那么，在这个看似"草台班子"式的世界中，怎样避免随波逐流呢？可从以下几个方面入手：

1. 保持独立思考

——培养批判性思维

对接收到的信息不盲目接受，要进行多角度分析和质疑。例如面对网络上众说纷纭的热点事件，不轻易被舆论带节奏，而是思考事件背后的逻辑、动机和证据，形成自己的判断。

——敢于挑战权威

不迷信权威和传统观念，当发现与自己的认知和价值观不符时，要有勇气提出不同观点。如哥白尼敢于挑战当时被奉为真理的"地心说"，通过长期研究提出"日心说"，推动了天文学的发展。

2. 明确自身目标与价值观

——深度自我探索

花时间思考自己的兴趣、优势和人生目标，可通过尝试不同的活动、职业来发现自己的热爱所在。比如乔布斯在经历多次创业和产品研发后，明确了用创新产品改变世界的目标，最终打造出具有划时代意义的苹果产品。

——坚守价值观底线

无论外界环境如何变化，都要坚守自己的道德和伦理准则，不随波逐流做违背良心的事。在商业竞争中，有些企业为追求短期利益不择手段，而华为始终坚持以技术创新和诚信经营为理念，赢得了市场和用户的尊重。

3. 持续学习与自我提升

——广泛涉猎知识

不断学习不同领域的知识，拓宽视野和思维边界，让自己有更丰富的信息储备来应对复杂的世界。巴菲特一生都在坚持阅读和学习，广泛涉猎金融、经济、管理等多领域知识，使他在投资领域能做出独到判断。

——提升专业技能

在自己擅长的领域深耕细作，不断提升专业能力，从而增强自身在社会中的竞争力和话语权。像屠呦呦专注于中医药研究，通过多年努力提升专业技能，最终发现青蒿素，为全球疟疾防治做出巨大贡献。

4. 建立优质社交圈

——结交志同道合的人

与有相似目标和价值观的人交往，相互激励和支持，共同成长进步。比如俞敏洪在创办新东方的过程中，与一群有教育理想的伙伴携手前行，相互鼓励，成就了新东方的辉煌。

——远离不良影响

对那些传递消极、负面思想，或总是随波逐流的人保持距离，避免被他们的行为和观念影响。

站着做人：
以自信姿态展现气质与风度

人的生命短暂而脆弱，宇宙中无数力量都能轻易摧毁它。然而，人依然比这些力量高贵，因为人有思想与灵魂。物质生活固然重要，但人的尊严，终究在于精神的超越。

在这纷繁复杂的世界，有人卑躬屈膝，为求利益而折损尊严；有人却挺直脊梁，将气质与风度堂堂正正地写在脸上，以傲然之姿面对人生百态。

文坛巨匠鲁迅，在风雨如晦的旧中国，始终站着做人，笔锋似剑，直刺社会的黑暗与腐朽。面对反动势力的威胁利诱，他从未有过一丝动摇。当国民党反动派妄图用高官厚禄收买他，让他停止犀利的批判时，鲁迅嗤之以鼻。他清楚，一旦屈服，便会沦为权贵的附庸，失去为民众发声的立场。他以笔为武器，在一篇篇如《狂人日记》《阿Q正传》等作品里，无情揭露封建礼教的"吃人"本质，剖析国人的劣根性。他的每一篇文章，都带着铮铮铁骨的力量，那是他站着做人的气质与风度，凝结在文字里，也映现在他那冷峻而坚毅的面容上。

真正的文人风骨，不是附庸风雅的姿态，而是在强权压迫下坚守正义的脊梁，站着做人，**用文字刻下时代的真相，让灵魂的光芒穿透黑暗。**

伟大的音乐家贝多芬，世界上无数的人被他的音乐所感动、所震撼，不仅仅是他的音乐，还有他的苦难、他的欢乐、他的勇气和他高贵的灵魂！

贝多芬总是高高昂起他那狮子般的头颅，他从不献媚于任何人。有一次，在利西诺夫斯基公爵的庄园里，来了几位"尊贵"的客人，正是侵占了维也纳的拿破仑军官。当时贝多芬正住在公爵的庄园里，当军官们从主人那里得知后，公爵便请求贝多芬为他们演奏一曲。贝多芬不愿为侵略者演奏，断然拒绝，猛地推开客厅大门，在倾盆大雨中愤然离去。回到住处，他把利西诺夫斯基公爵给他的胸像摔得粉碎，并写了一封信："……公爵，你之所以成为一个公爵，只是由于偶然的出身；而我之所以成为贝多芬，完全是靠我自己。公爵现在有的是，将来也有的是，而贝多芬只有一个！"

正如贝多芬所言，由于偶然的出身，这个世界上确实有过无数的公爵，然而，历史最公正，时光最无情，当这些曾显赫一时的公爵都一个个消失在历史的长河中时，贝多芬却没有从人们的记忆中消失。贝多芬没有高贵的出身，却有不朽的作品。正是这些作品，为贝多芬赢得了无数的荣誉；也正是它们，为贝多芬在人们心中筑起了一座无形的丰碑。要知道人民从来就不承认世俗的册封，他们所肯定的永远是那些让他们心悦诚服的高贵的灵魂。

在体育赛场上，拳王阿里同样诠释了站着做人的真谛。他不仅在拳击台上拥有无与伦比的实力，更在赛场外有着令人敬仰的人格。当时美国社会种族歧视严重，阿里身为黑人运动员，却从未因肤色而自卑或屈服。在席卷全美的反越战运动中，阿里坚定地站在反战一方，公开拒绝服兵役，即便因此被禁赛，遭受大额经济损失等，他也毫不退缩。他说："我绝不会跑到万里之外去谋杀那里的穷人，如果我要死，我就死在这里，咱们来拼个你死我活！"

在拳台上，他灵活的步伐、有力的出拳展现着王者风范；在生活中，他坚定的眼神、无畏的言行彰显着反抗不公的气质与风度。体育的荣耀不只是奖杯与金牌，更是在面对社会偏见时，站着做人的勇气，用行动为尊严而战，让气质在抗争中升华。

弯下脊梁，即便能获取一时的利益，也会失去灵魂的高度；站着做人，无论面对多少艰难险阻，都能将气质与风度写在脸上，成为他人仰望的精神丰碑。

我们所说的高贵，不是仪表的华美，不是出身的高贵，不是地位的显赫，也不是金钱的多寡或其他外在的装饰，而是内在的、深沉的、自然散发的、由里及外的灵魂；是有丰富内涵、有独特思想和见地、有高尚情感和无私奉献的心灵；是有着大爱的心，爱人类、爱万物、爱一切的生命；是热爱生活、执着追求、不懈努力的、永不气馁的心。高贵，源自灵魂的力量，源自充盈的内心，是一种难得的大格局，值得我们用尽此生去追寻。

懂得自省，
找到最合适自己的路

在人生的漫漫长路上，很多人迷茫徘徊，找不到方向，殊不知，懂得自省才是拨开迷雾、找到最适合自己的道路的关键。

篮球巨星勒布朗·詹姆斯，初入联盟时，凭借超强的身体素质和运动天赋，以突破和暴扣在赛场上大杀四方，是典型的强力型打法。但随着职业生涯推进，他意识到仅靠身体优势无法让自己和球队走得更远。詹姆斯开始自省，他发现自己在组织进攻和中远投方面存在不足。于是，他刻苦训练，提升传球视野和中远投能力，从单纯的得分手转变为全面的球队核心。通过自我审视，詹姆斯找到了最适合自己的篮球道路，成为篮球史上的传奇人物。

故步自封只能停滞不前，不断自省才能突破自我。

孔子云："吾日三省吾身：为人谋而不忠乎？与朋友交而不信乎？传不习乎？"这深刻体现了自省的重要性。

苹果公司创始人乔布斯，一生都在不断自省与革新。他在被苹果公司驱逐后，没有怨天尤人，而是反思自己的管理风格与产品理念。这段经历让他意识到，过于强势的领导方式有时会阻碍团队的创新，产品设计不仅要追求科技感，更要注重用户体验。重回苹果后，他将这些反思融入实践，推出了iMac、iPod、iPhone等一系列具有划时代意义的产品。乔布斯的自省，让他在科技浪潮中找到了苹果独特的发展方向，也成就了苹果后来的辉煌。

自省还能帮助我们在职业选择中拨云见日。小李大学学的是金融专业，毕业后顺利进入一家银行工作。起初，他以为这就是自己理想的职业道路，但工作一段时间后，他发现自己对数字并不敏感，烦琐的银行业务让他感到疲惫与迷茫。于是，他开始认真反思自己的兴趣和优势，回想起学生时代，自己在写作和策划方面表现出色，也乐于与人沟通交流。经过深思熟虑，小李决定转行进入广告行业。在新的领域里，他如鱼得水，凭借出色的文案撰写能力和创意策划思维，很快做出了成绩。

正是自省，让小李及时调整方向，找到了真正适合自己的职业道路。

在人际关系中，自省同样不可或缺。小王和朋友相处时，总是以自我为中心，很少考虑他人感受，导致朋友渐渐疏远他。后来，小王意识到自己的问题，开始反思自己的言行。他努力改变自己，学会倾听朋友的想法，尊重他人的意见，主动关心朋友。慢慢地，朋友们又重新回到了他身边，他的人际关系也变得和谐融洽。通过自省，小王明白了如何与他人更好地相处，为自己营造了良好的人际环境。

人生没有固定的模板，也没有绝对正确的道路。一味埋头向前，不懂得自省，就像在黑暗中盲目摸索。只有时常停下脚步，审视自己的行为、思想和选择，才能在人生的十字路口做出最适合自己的决定。

自省是自我提升的重要方式，可从以下几个方面进行：

1. 设定自省时间与环境

——固定时间

每天或每周设定专门的自省时间，如每晚睡前花 15～30 分钟回顾当天的经历，思考自己的行为、决策和情绪反应等。

——安静环境

找一个安静、舒适、没有干扰的空间，如书房、卧室等，让自己能够静下心来进行深度思考，避免外界干扰影响自省的效果。

2. 进行自我观察

——行为观察

关注自己在不同情境下的行为表现，分析哪些行为是有效的，哪些需要改进。比如在团队合作中，留意自己是否过于主导或参与度不够。

——情绪觉察

注意自己情绪的产生和变化，思考是什么原因导致的，以及自己的情绪对他人和事情的影响。如感到愤怒时，分析是因为他人的行为还是自己的期望未得到满足。

3. 深度反思

——分析原因

对于自己的行为和情绪，深入挖掘背后的原因。例如工作失误后，思考是因为知识技能不足，还是态度问题或外部因素的影响。

——评估结果

思考自己的行为和决策带来了什么结果，这些结果是否符合自己的预期，对自己和他人产生了怎样的影响。

4. 对比与学习

——与标准对比

树立一些道德、行为、职业等方面的标准或榜样，将自己的行为与之对比，找出差距和不足。比如以行业内的优秀人物为榜样，对比自己在专业能力和职业素养上的欠缺。

——向他人学习

与他人交流，倾听他人的意见和建议，从他人的角度看待自己，发现自己没有意识到的问题和优点。可以定期与朋友、同事或导师进行交流，询问他们对自己近期表现的看法。

5. 记录与总结

——记录过程

准备一个笔记本或使用电子文档，将自己自省的过程和结果记录下来，包括遇到的问题、思考的过程和得出的结论等。这有助于跟踪自己的成长和变化。

——总结经验教训

定期对记录的内容进行总结，找出自己反复出现的问题和进步的方面，制订改进计划和目标，明确自己未来的努力方向。

"吾日三省吾身"，自省是成长的阶梯，是通往成功的密钥。**只有懂得自省，才能找到那条最契合自己的人生之路。**

一张普通的画纸，同样可以装下整个世界

在大众眼中，人生初始，恰似一张普普通通的画纸，毫无出奇之处。但只要我们摒弃狭隘认知，便会发现，这张"画纸"拥有着

装下整个世界的磅礴力量。

我们都喜欢给自己设限，不是我们做不到，而是我们自己阻碍自己去实现目标。

如果人生是一幅风景画，你希望自己的画里是怎样的世界？一片汪洋、一座小岛还是一个花园、一小块农田？

俗话说"字如其人"，其实"画如其人"更加贴切一些。自己构思的人生风景中，每一个事物都是内在心思的一种反映。**一张普通的画纸，同样可以装下整个世界，只要你不给自己的思维设限。**

一位科学家用一块透明的挡板把水族箱从中间隔开，将一条饥饿的鳄鱼和一些小鱼分别放在两边。见到那些游动的小鱼，鳄鱼毫不犹豫地发起攻击，结果自然是撞在了挡板上。转瞬之间，鳄鱼又发起更迅猛的攻击，以致撞得头破血流。就这样一次次地出击，一次次地碰壁，直到彻底绝望，那条鳄鱼才停止了尝试。

这时，专家将那块挡板抽掉，鳄鱼照旧一动不动。眼看着小鱼在眼皮底下游来游去，它却失去知觉似的潜伏在那里，直到饿死也没再发起攻击。

这就是一种自我限制，也可以称之为"透明挡板现象"。

这个试验印证了一个道理，那就是人的潜意识会形成一个玻璃罩，抑或一块透明挡板；由于曾经碰到过玻璃罩，或撞到过透明挡板，所以放弃了至关重要的尝试。有的人在一次次的失败中消磨了信心，放弃了理想和自我。本来可以有所作为，只因错过许多可能把握的机会，却未能达到应有的高度，实在是令人惋惜。

人生总是要承受这样那样的压力，遇到这样那样的屏障壁垒。现实是残酷的，但是现实也不是"金钟罩铁布衫"，一样有缝隙、有机会。关键在于自己是否有毅力和自信坚持到机会来临的时候，是否善于捕捉机会。

李子柒，一位普通的四川女孩，最初只是在乡村生活的普通一员，人生就像一张质朴的画纸。她没有优越的资源和背景，却凭借对乡村生活的热爱和对传统文化的理解，拿起相机记录田园日常。从播种、耕耘到收获，从制作传统美食到传承传统技艺，她把乡村生活的诗意与美好呈现在大众眼前。她的人生"画纸"上，绘满了中华传统文化的色彩，展现了乡村生活的宁静与魅力，让世界看到了中国乡村的别样风采。

李子柒用行动证明：平凡人生也能成为传播文化的窗口，只要找到热爱所在，用心描绘，就能在自己的人生里装下整个文化传承的大天地。

所以，当你很久没有品尝成功滋味的时候，不妨仔细想一想：是否因为自己给自己"画地为牢"，限制了发展的可能？以前做不到的，现在不一定做不到，尝试的可贵就在于随时随地，坚持不懈。

人生如画，起点或许平凡，却因勇气和决心而绽放异彩。这张看似普通的画纸，正是我们施展才华的天地。别让平凡的起点成为束缚，拿起梦想的画笔，以勇气为笔锋、智慧为构思、努力为颜料，在有限的画布上描绘出无限的精彩人生。

没有什么能妨碍我们为了更好的未来而努力奋斗

在逐梦的征途上，总有人抱怨困难重重，觉得这世间诸多阻碍，让自己与美好未来绝缘。但真相是，没有什么能妨碍我们为了更好的未来而努力奋斗，**只要你足够坚定，那些所谓的"拦路虎"不过是成长路上的垫脚石。**

海伦·凯勒在一岁多时，突患猩红热，连日的高烧使她昏迷不醒。当她苏醒过来，眼睛烧瞎了，耳朵烧聋了，嘴巴也不能说话了。对于一个孩子而言，这样的遭遇几乎等同于失去了与世界交流的所有通道，似乎未来只剩下无尽的黑暗与寂静。但海伦·凯勒在老师安妮·莎莉文的帮助下，凭借着超乎常人的毅力，开始了艰难的学习过程。她通过触摸感受物体的形状，用手指在老师手心拼写单词来认字，甚至靠触摸别人的喉咙、嘴唇的震动来学习发声。她不断努力，不仅学会了阅读、写作和说话，还以优异的成绩毕业于拉德克利夫学院，成为杰出的作家和教育家，一生致力于为残疾人造福，成为激励无数人的精神楷模。

海伦·凯勒深知，感官的缺失无法熄灭她对知识和生活的渴望，**只要心中有希望，就没有什么能阻挡自己在追求光明的道路上不断**

前行。

电竞选手简自豪（Uzi）在初入电竞行业时，面临着诸多质疑与困境。当时电竞在中国尚未得到广泛认可，社会大众对电竞选手存在偏见，认为这是不务正业；而且，电竞行业竞争异常激烈，训练强度大、压力高，选手的职业生涯也十分短暂。但简子豪没有被这些外界的压力和困难击退，他凭借对电竞的热爱和极高的游戏天赋，每日进行长时间高强度的训练，不断磨炼自己的操作技巧和战术意识。在赛场上，他凭借精湛的技艺和无畏的勇气，多次带领队伍取得优异成绩，成为电竞界的传奇人物。

简自豪用行动诠释：外界的误解和行业的艰难只是暂时的，只要自己足够坚定，就能突破重重阻碍，实现自己的梦想。

再把目光投向体育界。巴西足球巨星贝利，自幼家境贫寒，连一个像样的足球都买不起。他只能用袜子塞满破布和旧报纸当球踢，训练场地不过是街头巷尾。在他初入职业球队时，又因为身材矮小，被很多人认为难以在高手如云的足球场上立足。可贝利从未动摇过对足球的热爱，他利用一切可以利用的时间和简陋的条件磨炼球技。买不起足球就用自制的"足球"练习，没有专业场地就在狭窄街道上穿梭盘带。最终，他三次夺得世界杯冠军，成为足球史上的传奇。

贝利用行动证明：外界的质疑和困难只是"纸老虎"，只要方向与方法正确，自己足够努力，就能跨越一切阻碍，拥抱光明的未来。

生活中，困难和挫折总会不期而至，外界的质疑和否定也可能如影随形。但这些都不是我们放弃的借口，"只要思想不滑坡，办法总比困难多。"只要我们怀揣着对未来的憧憬，坚定信念，勇往直前，就没有什么能妨碍我们为了更好的未来而努力奋斗。

未来的模样，掌握在那些不屈不挠、努力拼搏的人手中。

第三章
打开生活的边界,探寻世界运行的规律

爱默生说:"一个人就像一块晶石,你把它拿在手里转来转去,它没有任何光泽;直到你转到一个特殊的角度,它就显示出又深又美的颜色来。"

按部就班的生活是否让你感到乏味?勇敢突破边界,去探寻世界运行的潜在规律,解锁生活的无限可能,开启全新的探索之旅。

探索这个世界运行的规律，
发现隐藏规律的技巧

世界就像一座庞大而复杂的迷宫，表面的混乱无序下，隐藏着无数运行规律。掌握了这些规律，如同找到迷宫出口；而发现它们的技巧，更是开启成功大门的关键。

以金融市场为例，2008年金融危机爆发前，市场看似一片繁荣，股价持续攀升，人人都沉浸在财富增长的美梦中。但有经验的投资者，如"股神"巴菲特，却早已嗅出危险信号。他深入研究宏观经济数据、企业财报，发现信贷市场过度扩张、金融机构杠杆率过高。这些隐藏在繁荣表象下的隐患，正是金融危机爆发的根源。他提前抛售股票，规避风险。这背后的技巧在于，从海量信息中提取关键数据，建立经济运行逻辑框架，透过现象看本质。

"在别人贪婪时恐惧，在别人恐惧时贪婪。"巴菲特把握市场情绪与经济规律的关联，正是探索金融世界运行规律的生动体现。

电商行业在发展初期，市场格局模糊，众多商家蜂拥而入。竞争看似毫无章法，但像黄峥这样的创业者，却能脱颖而出。拼多多创立时，主流电商平台已占据大量市场份额，黄峥没有盲目跟风，而是深入分析消费数据和用户需求。他发现下沉市场存在巨大潜力，大量消费者追求高性价比商品。于是，拼多多通过创新的团购模式，精准定位这一市场，迅速崛起。这里面的技巧在于，精准洞察市场需求的细分领域，挖掘数据背后的消费趋势，构建差异化竞争策略。

在看似饱和的市场中，找到未被满足的需求，就是找到发展的新路径。黄峥把握市场需求与商业策略的关联，正是探索电商世界运行规律的鲜活例证。

在人工智能领域，OpenAI研发GPT系列模型同样是对规律的深度探索。面对海量的文本数据和复杂的语言理解任务，研发团队没有盲目尝试，而是先对人类语言的结构、语义表达规律进行研究。他们运用深度学习算法，让模型在大规模文本中学习语言模式。初期，模型也面临诸多问题，如回答不准确、语义理解偏差等。但团队不断优化算法，调整训练数据，从不同领域文本中提取关键知识，进行交叉验证。最终，GPT系列模型在自然语言处理上取得巨大突破，实现与人类自然流畅的对话交互。这一过程中，深入研究语言本质，利用算法模拟语言学习规律，通过反复优化训练，是发现隐藏在语言智能背后规律的关键技巧。

生态系统中，植物的生长繁衍也遵循着独特规律。例如，热带雨林中的附生植物，它们生长在高大树木上，看似奇特。科学家通过长期观察发现，附生植物利用高大树木获取更多阳光，同时借助雨林丰富的水汽和养分生存。研究过程中，科学家综合考虑光照、水分、土壤等环境因素，以及植物间的共生关系，运用生态学原理分析数据。这一发现依赖于多维度观察、跨学科知识融合，将植物生长与生态环境紧密联系。

自然界的每一种现象，都是多种因素相互作用的结果，找到这些关联，就能揭示背后的规律。只要我们有全面的观察视角和跨学科思维，就能从复杂的生态现象中找到规律。

自然界也处处藏着规律。候鸟每年定时迁徙，背后是对气候、食物资源变化规律的适应。科学家追踪候鸟飞行轨迹，研究其栖息地环境变化，发现它们利用地球磁场、星辰位置辨别方向，根据季节变化寻找适宜生存环境。这一发现过程，依赖长期观察、借助先进追踪技术，将生物行为与自然环境因素关联分析。

世界上没有无缘无故的现象，每一个表象背后都有其运行规律。 只要我们有敏锐的观察力，运用科学方法，就能从纷繁复杂的自然现象中找到规律。

探索世界运行规律，需要我们保持好奇心，不被表象迷惑，运用科学思维、长期观察和实践验证。掌握这些发现规律的技巧，我们就能在生活、工作、学习等各领域，如鱼得水，顺势而为。

面对不公平的规则，
我们也可做规则的制定者

在生活的宏大棋盘上，规则如同纵横交错的经纬线，框定了行为的边界，维系着秩序的稳定。但并非所有规则生来公正合理，当陈旧、不公的规则如荆棘般阻碍前行，我们绝不能默默忍受，而应挺身而出，成为规则的制定者，开辟出一条属于自己的康庄大道。

历史的长河中，<u>无数先驱者以无畏的勇气挑战不公规则，为人类的进步拓荒</u>。

工业革命时期，资本家为追逐暴利，制定了严苛剥削工人的劳动规则，超长的工作时间、恶劣的工作环境、微薄的薪水，让工人阶级在沉重压迫下艰难求生。然而，马克思、恩格斯等人没有对这种不公坐视不管。他们深入工人群体，洞察苦难根源，以笔为剑、以理论为盾，剖析资本主义制度的内在矛盾，提出了科学社会主义理论。这一理论犹如一道曙光，照亮了工人阶级反抗的道路，催生了八小时工作制等现代劳动规则，从根本上改变了劳动者被压榨的命运。

他们打破了资本家一手遮天制定规则的局面，为劳动者争取到了应有的权益，成为改写劳动规则的时代巨人。

音乐界也有打破不公规则的故事。在唱片行业发展初期，音乐版权规则严重倾向唱片公司，歌手与创作者权益得不到充分保障，大量利润被唱片公司攫取，创作者辛苦创作却收入微薄。泰勒·斯威夫特在其音乐事业发展过程中，深刻体会到这种规则的弊端。她勇敢站出来，通过社交媒体发声，向公众揭露版权规则的不公，在续约谈判中坚定要求对自己音乐作品的更多控制权。她还积极参与推动音乐版权法律的完善，鼓励歌手与创作者团结争取权益。在她的努力下，音乐行业开始重视版权分配公平，新的版权规则逐渐向创作者倾斜。

不公的规则就像一潭死水，禁锢着活力与创新；而打破规则、制定新规则是注入源头活水，让社会之泉重新奔涌向前。当我们面对不合理的规则时，若只是逆来顺受，无疑是对不公的纵容，会让更多人陷入困境；唯有勇敢质疑、积极抗争，才能撬动规则的天平，使之倾向公平正义。

当然，成为规则制定者并非易事，这需要非凡的勇气、深邃的智慧和坚韧的毅力。勇气，让我们敢于挑战权威，向既定规则说"不"；智慧，帮助我们精准剖析规则的弊端，找到变革的切入点；毅力，则支撑我们在漫长的抗争与探索中坚守初心，直至新规则落地生根。

罗曼·罗兰曾说："**世上只有一种英雄主义，就是在认清生活的真相后依然热爱生活。**"面对不公规则，我们要做的，正是这种英雄主义的践行者。不畏惧规则的重压，不抱怨命运的不公，以积极主动的姿态，拿起制定规则的笔，书写属于时代、属于自己的公平篇章。在破与立的更迭中，推动社会迈向更加公正、美好的未来。

探寻日常生活中的隐藏规律，找到突破日常局限的方法

在看似平淡无奇的日常生活里，其实处处藏着被忽视的规律，一旦掌握，就能突破局限，开启开挂人生。

先说说睡眠这件小事，很多人都有过失眠或睡不好的困扰。小李之前总觉得只要累了就能睡好，可每晚都辗转反侧。后来他发现，睡前2小时不碰电子设备、用40℃左右的水泡脚15分钟，能让自己迅速放松。坚持一段时间后，他的睡眠质量大幅提升。其实，这背后是人体生物钟和神经系统的运行规律。蓝光会抑制褪黑素分泌，而温热刺激能促进血液循环、舒缓神经。

生活不是一团乱麻，每一个细节都可能藏着改善的密码；只要用心观察，就能找到规律，解决各种难题。

再看职场。小王刚进公司时，业绩平平，每次重要项目都轮不到他。他开始观察同事，发现那些业绩好的人，每周一都会制订详细工作计划，每天下班前1小时会梳理工作进度，及时调整策略。小王依葫芦画瓢，提前规划，定期复盘，业绩逐渐提升，后来还负

责重要项目。他打破了"埋头苦干就有回报"的局限认知，发现了职场效率和成果的规律。

只知低头拉车，不知抬头看路，永远无法突破职业瓶颈。

又比如在学习领域，很多学生盲目刷题，成绩却不见起色。学霸小张却不同，他每学完一个章节，都会绘制思维导图，把知识点串联起来，找到它们的内在联系。遇到难题，他不是马上看答案，而是先思考自己的解题思路错在哪。他掌握了知识吸收和运用的规律，轻松应对各种考试，成绩名列前茅。

学习不是简单的知识堆砌，而是寻找规律、构建知识体系的过程。

突破日常局限，可从思维、行动、社交等多方面入手。

1. 思维突破

——学习新思维模式

通过阅读《思考，快与慢》等相关书籍，学习逻辑思维、批判性思维等，打破常规思维的局限，提高思考深度与广度。

——冥想与反思

每天花 15～30 分钟冥想，专注于呼吸，排除杂念，让思维更清晰敏锐。定期反思自己的行为与思维过程，找出局限并思考改进方向。

2. 行动突破

——设定挑战性目标

根据自身情况，设定略高于当前能力的目标，如计划在一个月内完成一项有难度的工作任务或学会一项新技能。

——打破日常惯例

改变通勤路线、尝试新的运动项目或采用新的工作方法等，为生活和工作注入新鲜感，激发创造力。

3. 知识突破

——广泛阅读

制订阅读计划，每月阅读不同领域书籍，如历史、科学、哲学等，拓宽知识面，为解决问题提供更多视角。

——在线学习

利用各种网络学习平台，学习专业课程或前沿知识，跟上时代发展，打破知识局限。

4. 社交突破

——参加社交活动

积极参与行业聚会、兴趣小组活动等，结识不同背景的人，拓展人脉资源，获取新信息与观点。

——与陌生人交流

在旅行、乘坐公共交通工具时，主动与陌生人交流，了解不同生活方式与思维方式，开阔视野。

5. 环境突破

——改变居住或工作环境

重新布置房间、更换工作座位，或在不同的空间工作学习，如咖啡馆、图书馆等，营造新氛围，激发灵感。

——旅行体验

每年安排1~2次旅行，去不同城市或国家，体验不同文化与生活，在新环境中突破认知局限。

生活中不是缺少规律，而是缺少发现规律的眼睛。别被日常的琐碎和习惯限制，**打破常规思维，探寻隐藏规律，才能跳出舒适区，拥抱无限可能。**

揭秘社交场合中的潜在规则，巧用规律破局

在社交的江湖里，表面上是推杯换盏、谈笑风生，实则暗流涌动，潜藏着诸多不为人知的规则。摸清这些门道，才能在社交场上游刃有余，找到适合自己的社交节奏。

职场酒局就是个典型场景。

小赵刚入职时，在酒局上总是默默坐在角落。他觉得只要做好本职工作就行，没必要参与这些应酬。结果，他发现自己在团队里总是被边缘化，重要信息也常常后知后觉。后来他观察到，酒局上领导看似随意地聊天，实则是在考察员工的沟通能力和团队协作精神。那些积极参与讨论、适当展示自己的同事，更容易得到领导的关注和认可。小赵这才意识到，**职场社交不是无用的消遣，而是工作的延伸**。于是他调整策略，在酒局上主动交流，分享工作想法，不仅拉近了与同事、领导的关系，工作开展也顺利了许多。

再看社交平台。很多人发动态只是随心而为，却发现自己的朋友圈总是冷冷清清。而小孙则不同，他通过分析发现，晚上 8～10 点是大家刷手机的高峰期，此时发布一些有趣、实用且有话题性的内容，比如生活小技巧、热点事件评论，能吸引更多点赞和评论。他还会及时回复他人的评论，与朋友互动，终于让自己的社交圈子越来越活跃。

社交平台是虚拟的社交舞台，掌握流量规律和互动规则，才能成为焦点。

此外，社交圈子的分层也有规律可循。以行业聚会为例，核心圈子通常由行业大佬和资深专家组成，他们讨论的是行业前沿趋势和战略布局；而外围圈子则是初入行业的新人交流经验和资源。

小李刚参加行业聚会时，一心想挤进核心圈子，却四处碰壁。后来他改变策略，先在外围圈子积累人脉和经验，提升自己的专业能力。当他有了拿得出手的成果后，自然而然地被核心圈子接纳。

社交圈子不是靠硬挤的，遵循价值交换和成长规律，才能稳步上升。

社交场合中的潜在规则涉及多个方面，以下是一些常见的规则：

——话题选择

避免谈论敏感或冒犯性的话题，如政治、宗教、个人收入等，除非你清楚知道在场的人对此不介意。可以选择一些轻松、有趣、大家都能参与的话题，如天气、娱乐、旅游等。

——尊重个人空间

与他人保持适当的社交距离，一般来说，陌生人之间的距离在 1.2～3.6 米左右，熟人之间可以稍近一些，但也不要过于亲密，以免给对方造成压力。

——互惠互利

社交中要注重互利共赢,不要只考虑自己的利益,要学会为他人提供价值和帮助,这样才能建立长期稳定的关系。

——适度联系

不要过于频繁地打扰他人,但也不能长时间不联系。可以根据与对方的关系亲疏,定期通过电话、短信、社交媒体等方式问候对方,保持关系的热度。

——尊重邀请

如果收到他人的邀请,应尽快回复是否参加。如果不能参加,要说明原因并表示感谢和歉意。参加活动时,要遵守活动的规则和要求,不要擅自改变或破坏活动的安排。

社交场合没有明文规定,却处处都是规则。别在社交的迷雾里乱撞,洞察潜在规则,顺应社交规律,才能为自己编织一张有力的人际网络,助力人生之路越走越宽。

借助科技工具,挖掘生活中的"彩蛋"

在这个科技飞速发展的时代,我们的生活被各种工具包围。它们可不只是冷冰冰的物件,只要善加利用,就能帮我们挖掘出生活中隐藏的"彩蛋",让平淡日子变得五彩斑斓。

比如地图导航软件,很多人只把它当作找路工具,可它里面藏着不少惊喜。小李是个摄影爱好者,一次偶然发现,在地图软件上搜索"小众景点",能找到许多被游客忽略的绝美拍摄地。他按图索骥,来到一座隐匿在山间的古村落。那里古朴的建筑和宁静的氛围让他拍出了一组惊艳的照片,这就像打开了新世界的大门。

别让工具的常规用法限制了你的想象,深挖它的潜力,平凡生活也能发现新大陆。

智能家居设备也是如此。小张家安装了智能音箱，起初只是用来播放音乐。后来他发现通过语音指令，音箱能联动家中的智能灯具、窗帘。晚上回家前，他提前在手机上设置好指令；到家时，音箱自动打开温馨的灯光、拉上窗帘，播放舒缓音乐，生活一下子变得仪式感满满。

科技不是生活的附庸，而是重塑生活体验的魔法棒。

再看翻译软件，它可不只是语言交流的助手。小王喜欢阅读外文书籍，以前碰到晦涩的专业词汇就头疼。现在，他借助翻译软件的拍照取词和文档翻译功能，不仅能轻松理解复杂内容，还发现了很多小众但精彩的国外学术资料，拓宽了知识领域。

科技不仅打破了语言壁垒，更突破了认知局限。善用科技之力，我们便能探索更广阔的知识疆域。

短视频剪辑软件同样如此。小周是个旅行爱好者，以前记录旅行只用相机拍拍照，回来后照片就躺在相册里。接触短视频剪辑软件后，他发现软件里丰富的转场特效、配乐素材，能把旅行照片和视频片段变成精彩的 vlog。他把这些 vlog 分享到社交平台，收获了很多点赞和关注，还结识了一群志同道合的朋友，让旅行的快乐得到了加倍。

还有办公软件，很多人日常仅用它进行基础的文档编辑、表格制作，但设计师小陈却利用 PPT 软件的强大绘图和动画功能，制作出精美的动态海报。他巧妙运用形状工具、色彩搭配以及自定义动画效果，让原本静态的海报"活"了起来，为他的设计工作增添了不少创意亮点，也拓展了他在设计领域的表现形式。

生活中的科技工具就像一个个宝藏盲盒，别只停留在表面使用。大胆探索，深挖功能，你会发现，那些藏在日常角落里的"彩蛋"，能给生活带来意想不到的惊喜。

第四章
打破思维壁垒,拆掉思维里的墙

司汤达说:"一个具有天才的禀赋的人,绝不遵循常人的思维途径。"

陈旧的思维模式如同枷锁,束缚着我们前行的脚步。我们要勇敢打破这层壁垒,拆掉那些禁锢思维的墙,让思想自由翱翔,以全新的视角迎接未来的机遇。

"越狱"经验牢笼，
开启思维新航线

在生活的赛道上，我们常被过往经验困在无形牢笼，只有勇敢"越狱"，让思维开启新航线，才能拥抱广阔天地。

柯达公司曾是胶卷行业的霸主，凭借在传统胶卷技术上的深厚积累，占据了全球大部分市场份额。在胶卷时代，他们的经验是成功的保障，从胶片研发到生产工艺，每一个环节都无比成熟。但随着数码技术的兴起，柯达却没能及时转型。他们深陷过去成功的经验牢笼，认为胶卷仍有庞大市场，舍不得放弃既得利益。这种基于经验的保守思维，让他们在数码浪潮中逐渐被淘汰。而佳能、尼康等企业，果断跳出胶卷经验的局限，大力投入数码技术研发，成功开启新的商业航线，成为影像行业的新巨头。

过去的经验是基石，也是禁锢，若不打破，就会被时代的车轮无情碾压。

在教育领域，传统教学一直遵循"教师讲、学生听"的模式，老师们凭借多年积累的教学经验，按部就班地授课。但随着互联网的发展，线上教育逐渐兴起。李老师在教学中发现，传统模式难以满足学生多样化的学习需求，于是他勇敢打破经验束缚，尝试运用在线教学平台，引入互动式教学、小组讨论等新方法。他不再局限于课堂讲授，而是让学生通过线上资料自主学习，课堂上进行成果展示和答疑。这种新的教学思维，让学生的学习积极性大幅提高，成绩也显著提升。

教育不是一潭死水，挣脱旧有经验的枷锁，才能让思维的活水浇灌出知识的花朵。

商业谈判中，也常常能看到经验牢笼的影子。小王是个资深销售，以往和客户谈判，他习惯用"价格战"策略，通过降价来促成交易。但在一次与大客户的谈判中，这种经验失灵了。客户更看重产品质量和售后服务，而非价格。小王意识到不能再依赖旧经验，他重新分析客户需求，调整谈判策略，着重展示产品优势和完善的售后体系，最终成功拿下订单。

谈判桌不是经验的固化战场，灵活转变思维，才能开辟成功的新航道。

"越狱"经验牢笼，即突破过往经验对思维和行为的限制，可从以下几方面入手：

1. 保持开放心态

——接纳新观念

主动接触与自己经验不同甚至相悖的观点和信息，不轻易排斥。比如在管理中，即使已有成熟经验，也要关注新的管理理念和方法。

——拥抱不确定性

认识到世界的多变性，不过分依赖过去经验来判断未来，以积极的态度面对未知。如在投资领域，市场变化多端，要接受不确定性，不盲目依赖以往的投资经验。

2. 积极挑战自我

——设定新目标

制订超出自己舒适区和经验范围的目标，激发探索新事物的动力。例如长期从事传统营销的人员，可设定开展数字化营销的目标。

——尝试新领域

涉足从未接触过的领域或活动，获取全新的体验和知识。如工程师可以尝试学习艺术创作，打破专业经验的束缚。

3. 反思与重构经验

——深度复盘经验

定期回顾过往经验，分析成功和失败的原因，挖掘其中的局限性和可改进之处。比如项目结束后，不仅总结做了什么，更要思考有哪些假设和习惯影响了决策。

——重构经验体系

基于反思结果，对经验进行整理和重构，将新的认知和方法融入其中，形成更灵活、全面的经验系统。

4. 加强交流合作

——跨行业交流

与不同行业、背景的人交流，了解他们的思维方式和解决问题的方法。如参加行业交流会，与其他领域的专业人士互动。

——团队合作创新

在团队合作中，鼓励成员提出不同想法，共同探讨创新解决方案，借助集体智慧突破个人经验的局限。如在头脑风暴中，充分融合大家的观点，创造新的思路。

5. 培养创新思维

——学习创新方法

掌握如设计思维、TRIZ等创新方法和工具，通过特定的流程和技巧激发创新思维，帮助跳出经验的束缚。

——进行创意练习

通过创意写作、创意绘画等练习，锻炼自己从无到有创造新事物的能力，培养打破常规的思维习惯。

人生没有固定航线，过往经验虽宝贵，但绝不能成为限制思维的枷锁。 只有勇敢"越狱"，让思维冲破牢笼，才能在不断变化的世界中，找到属于自己的全新方向，驶向成功彼岸。

敢于质疑，
挣脱固有思维的桎梏

在思维的天地里，敢于质疑是一把无坚不摧的利刃，能斩断陈规的枷锁，开辟全新的认知路径。

1. 质疑是最基本的心理行为

《论语》中"子入太庙，每事问。"意思是说孔子进了太庙，每件事都要问一问。有人就批评孔子，说他不懂礼仪，而孔子理直气壮地回答:"凡事问个为什么,这才符合礼仪啊!"

法国哲学家笛卡儿说:"我思故我在",佛家也常常有"我是谁"的禅机。

从怀疑到肯定,再由肯定到怀疑,经过无数次螺旋形的思考,人类在思考中不断创造一个个崭新的自我。

对于每个探寻知识的人来说,要想有所发明创造或者建立新的理论,不可能凭空创造,的确需要掌握前人的经验和知识。然而,在创造与发明的过程中,如果一味相信现有的都是正确的,那只能在原地踏步。

质疑思维就是要能在习以为常的事物中发现不寻常的东西。

哥白尼生活在"地心说"统治的时代,那时,人们对天体运行的认知被宗教教义和传统观念紧紧束缚。"地心说"认为地球是宇宙的中心,所有天体围绕地球运转,这一理论在当时被奉为圭臬。但哥白尼没有盲目接受,他通过长期观察和深入思考,对"地心说"表示质疑。他不满足于既定的解释,大胆假设太阳才是宇宙中心,地球和其他行星围绕太阳公转。"日心说"的提出,犹如一道闪电划破黑暗的夜空,彻底颠覆了当时人们对宇宙的认知。

哥白尼用行动证明:**墨守成规只会让思维僵化,唯有质疑,才能打破经验的囚笼,让真理的光芒得以绽放。**

商业领域同样如此。在智能手机出现之前,手机市场被传统按键手机占据,各大厂商都在优化按键设计、提升通话质量等方面下功夫。苹果公司却对这种行业定式发出质问:为什么手机只能是这样?难道不能有更便捷、更智能的交互方式?他们大胆突破传统思维,引入触摸屏技术,推出了第一代 iPhone。这一创新之举彻底改变了手机行业的格局,开启了智能手机时代。

苹果的成功表明:**在商业竞争中,不敢质疑就难以创新;只有突破常规思维,才能开辟出一片新的蓝海。**

质疑是创新的前奏,也是进步的动力。不要被既有的观念和习惯所左右,勇敢地拿起质疑这把利刃,斩断思维的枷锁,你会发现,前方是一片充满无限可能的新天地。

2. 发现问题并分析问题

质疑思维是指用怀疑、批判的眼光,对现有的理论、经验、观点进行重新审视、重新评判，并试图从中找到它们的缺点、弊端，然后加以改进或创新的一种思维方法。

要解决问题，首先就是要发现问题，然后分析问题，最后才能解决问题。但很多时候不是我们解决不了问题，而是发现不了问题。如果一件事情连问题出在哪都不知道，又谈何解决呢？

质疑思维就是要常常提出"为什么"这三个字。事物的本质和改变创新的机遇，往往潜藏在对习以为常的现象多问一个"为什么"的思考之中。

日本的池田菊苗博士在一次吃饭时，喝了一口汤，觉得异常鲜美，于是问夫人加了什么调料。夫人告诉他，汤里除了海带，没有加其他的调料。开始池田菊苗还以为是太太在开玩笑，什么都不加，为什么这个汤这么鲜美？于是他开始想汤是不是因为海带才变鲜的？海带让汤变鲜的原因是什么？是不是因为海带中含有某种成分？顺着这一思路，他开始分析化验海带的成分，终于提炼出了一种叫谷氨酸的物质，也就是味精的主要成分。后来，他申请了专利，开办了味精工厂，由此获得了巨大的利润。

质疑思维的养成取决于平时的思维态度。苏格拉底说："<u>最有效的教育方法不是告诉人们答案，而是向他们提问。</u>"

多米诺骨牌是一种用木制、骨制或塑料制成的长方形骨牌。玩时将骨牌按一定间距排列成行，轻轻碰倒第一枚骨牌，其余的骨牌就会产生连锁反应，依次倒下。其实质疑思维就和这个骨牌游戏一样，当我们勇于质疑，提出第一个问题，其他问题也就相应地产生了；随着我们研究和质疑的深入，就一定能把问题的根源挖掘出来。

这里有一个训练思维能力的方法：每天花一点时间专门看权威的书籍，找出他们的观点，然后开动自己的脑筋来进行批驳，尝试质疑他们的观点。

3. 要敢于质疑权威

敢于提出为什么、敢于破除迷信是创造性思维的关键一步。

我们要抱着科学的态度来看待权威：既要尊重权威，虚心学习他们的丰富知识和经验，又要敢于超过他们，在他们已经进行的创造性劳动的基础上，再进行新的创造。只有这样，人类的文明程度才能不断提高，人类认识世界和改造世界的能力才能不断增强。

回顾历史，科技领域不乏打破权威迷信、开辟创新天地的典范。在爱因斯坦之前，牛顿的经典力学体系长期占据科学界的统治地位，被视为不可撼动的真理，精准地解释了宏观世界的诸多现象。然而，随着科学研究深入微观与高速领域，经典力学逐渐遭遇困境。爱因斯坦没有盲目尊崇牛顿的权威，他大胆质疑、深入思考，凭借非凡的创造力提出了相对论。狭义相对论打破了时间与空间的绝对观念，广义相对论更是革新了人类对引力的认知。这一理论的诞生，不仅修正了经典力学在高速和强引力场下的偏差，更为现代物理学的发展开辟了全新道路。

爱因斯坦站在牛顿这位巨人的肩膀上，勇敢地迈出了超越的步伐，用创造性思维为科学大厦添砖加瓦，推动人类对宇宙的理解达到了全新高度。

批判是思维的本质，质疑是科学的原动力。质疑可以驱散笼罩真理的层层迷雾，引领人们探寻真理的本质。

踢开定式思维"绊脚石"，跳出惯性思维的坑

人们在遇到问题的时候，往往第一反应就是按照自己的固有经验去处理和解决问题，这已经成为一种思维定式。然而，很多时候，这种固有经验或者常规的做法恰恰是一种表象，而逆向思维就是帮助你拨开迷雾的助手，让你离真相和成功更近一步。

1. 踢开定式思维"绊脚石"

在人生的赛道上，定式思维宛如一块顽固的"绊脚石"，将我们绊倒在无数次尝试的起点；而惯性思维则像无形的迷障，把我们困在原地，错失无数机遇。只有勇敢踢开、果断跳出，才能拥抱广阔天地。

以汽车行业为例，曾经大家都笃定汽车只能依赖燃油驱动，这一定式思维持续多年，直到特斯拉横空出世。马斯克团队没有被传统燃油车的技术路径和市场认知束缚，他们大胆质疑，投身于电动汽车研发中。彼时，很多人认为电动汽车续航短、充电慢，难以实现商业化。但特斯拉打破思维局限，致力于电池技术创新，优化充电设施布局，成功让电动汽车成为主流，开启了汽车行业的新能源时代。

　　<u>被旧思维束缚，只能在原地打转；打破常规，才能开辟新的赛道。</u>

　　再看艺术领域，传统绘画一直遵循透视、写实等规则。毕加索却不满足于此，他打破常规绘画定式，开创立体主义画风。他不再追求传统绘画对物体的真实描绘，而是将物体拆解、重组，从不同角度展现事物的形态和内涵。这种创新，为现代艺术指出了新方向，让人们看到艺术表达的无限可能。

　　艺术的生命在于创新，唯有打破定式思维，才能创造出震撼灵魂的作品。

　　职场上，小王所在公司一直采用传统的线下销售模式，业绩增长缓慢。小王却发现互联网时代的销售潜力，他没有被公司多年的销售定式限制，向领导提出开展线上直播带货。起初，很多人质疑这种新方式，但小王坚持推行。最终，直播带货取得巨大成功，公司业绩大幅提升。

　　在职场中，不敢突破定式思维，就只能在业绩的泥沼中挣扎；勇敢尝试新方法，才能迎来事业的春天。

　　<u>定式思维是进步的阻碍，思维怪圈是成长的枷锁</u>。我们要敢于打破常规，不被过往经验和传统观念左右。只有跳出思维的桎梏，才能踏上通往成功的康庄大道。

2. 跳出惯性思维的坑

　　在生活这段漫长的旅途中，惯性思维就像一个隐蔽的陷阱，悄无声息地吞噬我们的创新能力与无限可能，让我们在陈旧的认知里打转，错失无数机遇。只有鼓起勇气，奋力跳出这个思维的泥沼，才能拥抱全新的曙光。

由于传统力量和思维定式的作用，不少人容易对生活的各种现象习以为常，从而不会去打破那些思维的定式。只有时时刻刻树立发现问题的意识，才能不断有所发现，找到创新的入口，收获巨大成果。

逆向思维是主导做事逻辑、助力理性生活的关键技能。当面临问题时，我们可通过"反其道而思之"，争取解决问题的主动权，探寻答案。若不善于运用逆向思维，便容易陷入思维局限的困境。只有转换思维视角，才能发现独特的解决路径，领略别样的风景。

许多人都听过一个故事，讲的是一头小象被一条粗壮的铁链拴着，它无力挣脱。时间久了，它就不再挣扎了。后来，粗链子换成了一条细细的链子，它只要稍微用力，就可以挣脱，但是它没有挣扎。等它长大后，小细链子也被取掉了，它的脖子上什么也没有，但是，它还是一直在经常活动的区域走动，从来不跨出这个区域一步。

你看，习惯的力量是多么的强大，又是多么的可怕！

在科学研究中，惯性思维同样是创新的绊脚石。在很长一段时间里，科学界普遍认为人类基因组中只有 1.5% 的基因能够编码蛋白质，其余大部分都是"垃圾 DNA"，没有实际功能。这种惯性思维束缚了科学家们的研究思路，使得对基因组的研究进展缓慢。然而，随着技术的进步和研究的深入，一些科学家开始质疑这一传统观念，跳出惯性思维的束缚。他们通过大量的实验和数据分析，发现这些所谓的"垃圾 DNA"实际上在基因表达调控、细胞分化等过程中发挥着重要作用。这一发现颠覆了传统认知，为生命科学的研究开辟了新的领域。

科学的每一项巨大成就，都是以大胆的幻想为出发点的。如果科学家们一直被惯性思维禁锢，就无法取得这样突破性的进展。

在现实中，有太多的习惯拴住了我们，使我们如线上的木偶一样，按照既定的程序生活，身心疲惫却碌碌无为。如果我们能跳出惯性思维的坑，许多问题就不会成为问题。

逆向思维告诉我们，从改变社会习惯看法入手，不按常理出牌，常常能找到成功机会。

一位将军有两个儿子，从小尚武成性，互相不服气，常常比试武艺。他们各有一匹快马，两人常进行比赛并经常为马的优劣争吵。

手心手背都是肉，看到他们每天都在争论，将军很是苦恼，于是叫两个儿子用赛马的办法来评定两匹马的优劣，但不是比快，而是比慢。将军提出：两人骑马到100里以外的地方，哪匹马后到目的地即优胜者。于是两个儿子骑着各自的马以最慢的速度前进，几天才走了几里路，两人都不耐烦了，又都不愿认输。

这时，来了一位聪明人，教给他们一个办法，使比赛很快分出了胜负。你知道是什么办法吗？

聪明人给出的办法很简单：既然是比慢，那么就让这两兄弟立刻换马，然后用尽全力驰骋，谁骑着对方的马先抵达目的地，谁自然就赢了。

我们总习惯用一种常规、固定的方式思考问题，长年累月地按照一种既定的模式工作、生活，从而形成思维定式。由此，在遇到问题时，我们往往被这种思维定式拴住。

研究表明，左右一个人成功的最关键因素是思维模式，而不是智商的差异。所以，**在生活中，我们不要做常识分子，要学会跳出思维的坑。**

惯性思维是一种无形的枷锁，锁住了我们的思维和行动。只有勇敢地跳出惯性思维的坑，我们才能突破自我，在各个领域实现创新与发展，走向更加广阔的天地。

这正如马克·吐温所说："人的思想是了不起的，只要专注于某一项事业，就一定会做出使自己感到吃惊的成绩来。"

转变固有的思维方式，改变自己的人生

在人生的漫漫长路中，我们常常被固有的思维模式禁锢，如同被无形的绳索捆绑，在原地打转，错失无数可能。而当我们鼓起勇气，转变固有的思维，便如同挣破牢笼的飞鸟，得以在广阔天空自由翱翔，改写人生故事。

在哈佛的课堂上，教学并非单向灌输，而是注重激发学生思维，将观察问题、改变思维的方式融入其中，取代了单纯寻找问题答案的传统模式。

事实上，当我们的思维发生改变时，学习的方式也会随之改变。经过长期的训练，思维方式也就发生了改变，进而对我们以后的人生产生深远的影响。

所谓转换思维，是指对待事物不能只用一种角度去观察和思考，而是应转换角度来分析和解决问题。

转换思维不仅能让我们的人生变得更积极，视野更开阔。而且如果有意识地使用，还能转移别人视线，从而达到自己的目的。

古时候，有这样一个老太太，她有两个儿子，大儿子是染布的，二儿子是卖伞的，她整天为两个儿子发愁。天一下雨，她就会为大儿子发愁，因为不能晒布了；天一放晴，她就会为二儿子发愁，因为不下雨二儿子的伞就卖不出去。老太太总是愁眉紧锁，没有一天开心的日子，弄得疾病缠身，骨瘦如柴。两个儿子没有办法，便把村里最有智慧的教书先生请到家里，来开导老太太。

这位教书先生告诉老太太，为什么不反过来想呢？天一下雨，你就为二儿子高兴，因为他可以卖伞了；天一放晴，你就为大儿子高兴，因为他可以晒布了。在教书先生的开导下，老太太以后天天都是乐呵呵的，身体自然也健康起来了。

很多事情，换一个角度来看，就大不一样。积极的心态有助于人们克服困难，使人看到希望，保持进取的旺盛斗志；消极心态使人沮丧、失望，对生活和人生充满了抱怨，自我封闭，限制和扼杀自己的潜能。

思维的转变是一场自我革命，它虽然痛苦，但却能带来成长的蜕变。只有打破固有的思维牢笼，才能在知识的海洋中找到新的航向。

小王大学毕业后进入一家传统企业，从事着稳定但单调的工作。随着行业竞争的加剧，企业效益逐渐下滑，小王的职业发展也陷入了瓶颈。他意识到，如果继续沿用现有的思维模式和工作方式，自己的未来将一片黯淡。于是，他决定转变思维，勇敢地跳出舒适区。他开始关注新兴行业的发展动态，利用业余时间学习相关知识和技能。经过一段时间的努力，他成功跳槽到一家互联网企业，凭借自己的创新思维和跨领域知识，迅速在新的工作岗位上崭露头角。

转变固有的思维是一个需要持续努力的过程，以下是一些有效的方法：

1. 自我反思

——审视思维习惯

定期回顾自己在面对问题或做出决策时的思考方式，分析是否存在固定的模式或偏见。比如总是习惯从自身经验出发，而忽略了其他可能性。

——记录思维过程

可以通过写日记等方式，记录自己对某件事情的思考过程，事后再进行分析，找出其中可能存在的局限性。

2. 拓宽视野

——广泛阅读与学习

阅读不同领域、不同观点的书籍和文章，学习新的理论和知识。参加各种线上线下课程，了解前沿的研究成果和实践经验，打破学科界限，丰富自己的知识体系。

——体验不同文化

可以通过旅行、与不同文化背景的人交流等方式，了解他们的价值观、生活方式和思维模式，在这一过程中，我们往往能够受到深刻的启发，进而以全新的视角去审视和思考问题。

3. 多角度思考

——运用六顶思考帽

这是一种思维训练方法，用六种不同颜色的帽子代表不同的思考角度，如白色代表客观事实、红色代表直觉情感、黑色代表风险判断等，在思考问题时依次从这些角度进行分析。

——逆向思考

对常见的观点、做法或问题，尝试从相反的方向去思考。比如当大家都在追求某种流行趋势时，思考一下反其道而行之可能会有什么结果。

4. 实践锻炼

　　——参与跨领域项目

　　加入跨部门、跨专业的项目团队，与不同背景的人合作，在解决实际问题的过程中，学习他人的思维方式，突破自己的思维边界。

　　——尝试新事物

　　学习一项新的技能或开展一个全新的兴趣爱好，如学习绘画、摄影、编程等，在新的实践过程中，形成新的思维方式。

5. 交流合作

　　——与他人辩论

　　与观点不同的人进行理性的辩论，在交流中碰撞思想，了解不同的观点和思维方式，同时也能更好地审视自己的思维。

　　——团队头脑风暴

　　在团队中进行头脑风暴，鼓励大家自由地提出想法，不设限制，通过倾听他人的创意和想法，激发自己的灵感，打破固有的思维框架。

　　人生没有固定的轨道，固有的思维往往是前进的阻碍。唯有打破思维的枷锁，勇于涉足新的领域，才能发现更广阔的天地。

先有超人之想，后才有超人之举

　　超人之想是梦想的种子，超人之举是辛勤耕耘后的硕果。若没有大胆的想象作为引领，行动就会缺乏方向和动力。先有天马行空的设想，后有脚踏实地的拼搏，才能在人生的舞台上演绎出精彩绝伦的故事，成就非凡人生。

　　应用要诀：没有人随随便便能成功。那些取得成功的人，做的往往是别人不愿意做的事情。**敢想别人不敢想的，才能做别人不能做的。**

1. 万事源于创想，创新要从转变思维开始

在时代的浪潮中，创新无疑是推动发展的强劲引擎，而追根溯源，一切创新皆源于创想，要想真正实现创新，转变思维则是迈出的第一步。陈旧的思维如同枷锁，束缚住想象力的翅膀，只有打破它，才能让创新的种子生根发芽，绽放无限可能。

在这个充满无限可能的世界里，那些成就非凡之人，往往都是先在脑海中勾勒出超越常人的愿景，而后凭借坚定的信念和不懈的努力，将这看似遥不可及的想象化为震撼世界的实际行动。没有大胆的设想，就没有惊人的创举；先有超人之想，后才有超人之举。

在互联网行业，淘宝的诞生同样是转变思维带来创新的生动体现。在淘宝出现之前，传统的购物模式主要依赖线下实体店，交易范围受限，商品种类也不够丰富。马云却突破了这种传统思维的束缚，设想打造一个能让商家和消费者跨越地域限制、随时随地交易的线上平台。他看到了互联网技术背后隐藏的巨大商业潜力，这种超前的创想促使他带领团队创建了淘宝。淘宝的出现，彻底改变了人们的购物方式，开启了中国电商的新纪元。

马云曾说："今天很残酷，明天更残酷，后天很美好，但绝大多数人都死在明天晚上，看不到后天的太阳。"这句话深刻揭示了在创新之路上，敢于突破常规思维的重要性。只有那些率先转变思维、大胆创想的人，才能在激烈的市场竞争中抢占先机，看到"后天的太阳"。

2. 成功可以是"想"出来的

在多数人眼中，成功似乎是汗水与机遇交织的产物，却常常忽略了思想的力量。事实上，成功的起点往往是一个大胆的想法，它如同一粒种子，在思维的土壤中生根发芽，最终成长为参天大树，结出成功的硕果。

成功从根本上讲，是"想"出来的。只有敢"想"，会"想"，善于思考，才会是成功者的候选人。杰出人士善于思考，把别人难以办成的事办成，把自己本来办不成的事办成。当别人失败时，你如果可以从他人的失败中得出正确的想法并付诸行动，你就可能成功。当你自己失败了，你能够转换到一个正确的想法上再付诸行动，

同样可以获得成功。

成功并非遥不可及，它的种子就深埋在我们的思维之中。大胆地"想"，是迈向成功的第一步。当我们打破思维的枷锁，让想象自由驰骋，那些看似荒诞的想法，或许就能成为开启成功之门的钥匙。

3. 思想有多远，你就能走多远

有这样一句话："思想有多远，你就能走多远。"其中的道理很简单——先要敢想，才能做大事。换而言之，先有超人之想，才有超人之举。

"敢想敢干"，是在成功者的评语中出现频率最高的词之一，没有想法就不会有作为。人生就好比一个"梦工场"，没有大胆的想象，就不可能有惊人的举动。激烈的竞争，从来不容许懦夫成功。那些取得成功的人与你没什么两样，如果说有区别的话，那就是他们想了你不敢想的事，做了你不敢做的事。

20世纪初期，美国的汽车大王亨利·福特为了使汽车具有更好的性能，决定生产一种有8只汽缸的引擎，而这在当时的技术环境下几乎是不可能的。但是，亨利·福特不这么认为，他给工程师们下达了完成"不可能任务"的死命令——无论如何也要生产这种引擎，去做，直到你们成功为止，不管需要多长时间。结果，8只汽缸的引擎真的被工程师们给制造出来了，福特的想法得到了实现。

思想不是空想，而是行动的先导；不是幻想，而是改变世界的力量。它虽无形，却能引领我们穿越现实的迷雾，抵达成功的彼岸。不要让狭隘的思想限制了你的脚步，大胆拓展思想的边界，因为思想有多远，你就能走多远。

很多看似难以做到的事情，恰是因人们不敢想才无法实现；不少想法，因人们坚定信念得以实现。想不到的人，很难做到；浅尝辄止的人，也难以成功；那些能够深入思考，并为目标不懈奋斗的人，更易取得成功。可见，积极且富有创造性的思维，加上必胜的决心与不懈的努力，会大大提高做成想做之事的可能性。

告别"人云亦云"羊群，勇当思维"领头羊"

在这信息爆炸、观点横飞的时代，许多人如同盲目从众的羊群，不假思索地跟随着大众观点，却忘了思维的缰绳应紧握在自己手中。唯有告别"人云亦云"，勇当思维"领头羊"，才能走出独特的人生轨迹。

商业领域，智能手机市场曾是苹果和三星的天下，众多手机厂商纷纷效仿它们的设计与功能，陷入同质化竞争的泥沼。然而，华为没有随波逐流。当其他厂商还在比拼屏幕尺寸和像素高低时，华为敏锐洞察到通信技术与手机融合的潜力，大力投入研发，不仅在5G通信技术上取得领先，还将其应用于手机产品，推出了具有超强信号接收和高速数据传输能力的手机。

盲目跟风是商业的死胡同，独立思考才是破局的利刃。华为没有盲目追随行业巨头，而是凭借独立思考，开拓出属于自己的发展路径，成为全球通信和手机领域的佼佼者。

在文学创作领域，传统的叙事风格与写作范式长期占据主导，许多作家遵循既定套路，在熟悉的框架内进行创作。但莫言却敢于突破常规，他将中国传统民间故事与现代文学技巧相融合，同时借鉴魔幻现实主义的手法，在《红高粱家族》《蛙》等作品中，构建出一个个充满奇幻色彩又极具现实批判精神的文学世界。莫言没有被传统文学风格所局限，凭借独特的思维与大胆的创新，用文字勾勒出中国乡村的独特风貌，为中国文学走向世界打开了一扇新的大门，成为首位获得诺贝尔文学奖的中国籍作家。

文学的魅力在于不断突破边界，敢于打破常规写作思维的束缚，才能在文学的天空中留下独特的轨迹。

在新能源汽车行业，特斯拉以其先锋之姿引领行业，一时间，众多车企跟风效仿，将精力聚焦于相似的外观设计与基础的续航提升。但比亚迪却另辟蹊径，凭借对汽车产业未来趋势的深度洞察，以及对电池技术的深厚积累，大胆转型。当别家还在追赶特斯拉的脚步时，比亚迪早已布局新能源汽车的全产业链，从电池研发到整车制造，构建起强大的技术壁垒。特别是其自主研发的刀片电池，以超高的安全性和能量密度,打破行业对电池技术的固有认知,为比亚迪在新能源汽车市场赢得一席之地。

在商业的赛道上,一味跟风不过是原地打转,唯有独立思考,才能精准定位,开辟出通往成功的高速路。比亚迪正是凭借不随波逐流的独立思维,成为全球新能源汽车领域的头部企业。

再看社会热点事件。每当网络上出现热点话题,总会有大量网友不假思索地转发、评论,跟随大众舆论的风向。在某明星绯闻事件中,舆论一边倒地对该明星进行指责,许多人甚至没有了解事情的全貌就盲目跟风批判。但有一位自媒体人,他没有被大众情绪左右,通过深入调查和理性分析,发表了一篇客观公正的评论文章,引导大家从不同角度看待问题。他没有随波逐流,用独立思考为事件的讨论带来了理性的声音。

在舆论的浪潮中,保持独立思考,才能不被情绪淹没,成为清醒的发声者。

人生不是一场随大流的旅行,一味人云亦云只会让自己迷失在茫茫人海中。我们要勇敢地摆脱羊群效应,用独立思考武装自己,成为思维的"领头羊",引领自己走向属于自己的成功与辉煌。

打破"思维围墙",让创意来"串门"

在生活与发展的征途上,我们常常被无形的"思维围墙"禁锢,视野受限,创意难寻。只有果敢打破这堵墙,才能让创意如灵动访客,纷至沓来,开拓全新天地。

拿餐饮行业来说,传统中餐厅菜品、装修风格和服务模式相对固定。但某家创新餐厅却打破常规。店主没有被中式餐饮固有思维束缚,将目光投向全球美食。他把墨西哥玉米饼的制作灵感融入中式春卷,用独特香料调配出融合中西风味的馅料,推出"中西合璧卷"。店内装修也不再是传统的中式红木桌椅、红灯笼,而是采用现代简约风,搭配充满艺术感的中式壁画,碰撞出别样美感。服务上，借鉴西式餐厅预约制和个性化推荐，顾客提前线上预约，到店就能享受根据口味偏好定制的菜单。

这家店打破"中餐该如何"的思维围墙，让不同饮食文化创意"串门"，迅速在餐饮市场脱颖而出。

打破行业思维定式，就是开启创意的多元宇宙。

在时尚领域，传统的职业装设计风格刻板、色调单一，多以黑白灰为主，款式也较为保守。但某新锐设计师却大胆突破。他没有被传统职业装的思维定式所束缚，将目光投向街头潮流文化。他把街头服饰中流行的宽松板型、个性图案融入职业装设计，用街头涂鸦元素重新诠释西装的领口与袖口，推出了兼具时尚感与实用性的"潮流职业装"系列。在色彩搭配上，摒弃了传统的沉闷色调，引入明亮的撞色组合，如活力橙与高级灰的搭配，为职场着装带来了新的视觉冲击。在销售模式上，他打破传统的线下门店单一销售模式，借助线上直播平台进行新品发布和销售，与消费者实时互动，收集反馈。

这位设计师打破了"职业装该如此"的思维围墙，让时尚潮流与职场着装的创意相互交融，迅速在竞争激烈的时尚市场中崭露头角。打破行业思维定式，就是为创意打开了一扇通往新世界的大门。

在建筑领域，传统的摩天大楼设计大多遵循规整的几何形状，追求高度和实用性。但某建筑团队在设计一座地标性高楼时，打破了这种传统思维。他们跨界从自然形态中汲取灵感，借鉴了贝壳的螺旋结构和山脉的起伏轮廓，打造出一座外形独特的摩天大楼。大楼的外立面采用了动态的曲线设计，随着光线的变化呈现出不同的视觉效果，宛如一座灵动的城市雕塑。在内部空间布局上，他们打破了传统写字楼单调的格子间模式，引入了空中花园、共享办公空间等多元化功能区域，让人们在工作的同时也能亲近自然、促进交流。

这种打破常规的设计理念，不仅为城市增添了一道独特的风景线，也重新定义了现代摩天大楼的设计方向。跨界灵感是创新的源泉，打破建筑与自然的界限，方能塑造出震撼人心的建筑杰作。

在音乐创作领域，传统的流行音乐大多遵循固定的曲式结构和声套路。某独立音乐人却不甘于这种常规，他打破了音乐风格的界限，将民间戏曲元素与电子音乐进行融合。他把京剧的唱腔和念白与动感的电子节奏相结合，运用现代音乐制作技术对传统戏曲旋律进行重新编曲，创造出了一种全新的音乐风格。在表演形式上，他也突破了传统舞台表演的局限，将虚拟现实技术融入现场演出，让观众仿佛置身于一个奇幻的音乐世界。这种大胆的创新让他的音乐作品在众多流行音乐中脱颖而出，吸引了大量年轻听众，也为传统戏曲文化的传承与发展开辟了新的路径。

思维围墙是限制发展的枷锁，只有拆除它，欢迎不同领域创意来"串门"，才能在创新的道路上大步迈进，拥抱无限可能。

打破"思维围墙"，即突破固有思维模式的限制，可从以下几个方面着手：

1. 改变认知习惯

——主动接触新信息

拓展信息来源，包括订阅不同领域的杂志、关注多元的社交媒体账号等。例如喜欢科技的人也应关注艺术、人文等领域的资讯，避免信息茧房。

——培养批判性思维

对接收到的信息不盲目接受，而是从多个角度分析其合理性，质疑其前提和结论。如在阅读一篇观点文章时，思考其论据是否充分，是否存在其他可能的观点。

2. 丰富知识储备

——广泛阅读经典

阅读不同学科、文化和时代的经典著作，了解各种思想体系和思维方式。如读哲学经典可提升思辨能力，读历史经典能从宏观角度理解事物发展规律。

——跨领域学习技能

学习不同领域的技能，如在学习编程的同时学习绘画，将逻辑思维与形象思维结合，有助于打破单一领域的思维局限。

3. 转换思考角度

——运用逆向思维

对于常见问题或现象，尝试从相反方向思考。如在设计产品时，不仅考虑用户喜欢什么,也思考用户不喜欢什么,从而优化产品。

——进行角色换位

在处理问题或看待观点时,站在不同利益相关者的角度思考。如企业管理者在制定决策时,站在员工、客户、合作伙伴等角度权衡利弊。

4. 加强人际交流

——参与社交活动

与不同背景、职业和观点的人交流互动,参加行业聚会、兴趣小组等。如参加摄影爱好者聚会,与不同职业的摄影爱好者交流,了解他们独特的视角和创意。

——开展合作项目

通过与他人合作完成项目,接触不同的思维方式和工作方法。如在跨部门项目中,与其他部门同事协作,学习他们解决问题的思路。

5. 尝试创新实践

——投身创意活动

参加创意竞赛、头脑风暴等活动,激发创新思维。在头脑风暴中,大家自由提出想法,互相启发,打破常规思维。

——勇于尝试新事物

在生活和工作中,主动尝试未曾做过的事情,如学习新的运动、采用新的工作方法等,在新体验中突破思维定式。

跨界学习,
打破思维"次元壁"

当前,打破次元壁的跨界合作成为商业趋势,如动漫与游戏、品牌联名推出周边产品,不同领域 IP 联动举办活动,能吸引多领域受众,创造更大商业价值。

在这个瞬息万变的时代，思维的"次元壁"如同禁锢创造力的枷锁，而跨界学习则是打破这层壁垒的利刃，开辟出无限可能的新境界。

就拿美食界来说，分子料理的诞生堪称跨界学习的典范。传统烹饪讲究火候、调味与食材搭配，遵循着世代相传的经验。但分子料理的大厨们却不满足于此，他们跨界学习化学、物理知识，将其运用到烹饪中。利用低温慢煮技术精确控制食材温度，让肉质更加鲜嫩多汁；借助凝胶化反应，将果汁变成晶莹剔透的鱼子酱形状，给食客带来全新的味觉与视觉冲击。他们打破了烹饪与科学之间的"次元壁"，创造出令人惊叹的美食体验。

时尚界中，维密大秀曾是全球瞩目的时尚盛宴，然而随着时代发展，传统秀场模式逐渐陷入审美疲劳。某独立时尚设计师大胆破局，开启跨界学习之旅。其从建筑美学中汲取灵感，将建筑的结构感、空间感融入服装设计。借鉴哥特式建筑高耸的尖顶、繁复的雕花元素，打造出具有强烈视觉冲击力的服装廓形；参考现代简约建筑的流畅线条，简化服装细节，让整体造型简洁而不失大气。在面料运用上，跨界学习工业材料学，将新型环保材料引入时尚领域，这些材料不仅具备独特的质感和光泽，还符合当下环保理念。

她打破了时尚与建筑、材料科学之间的"次元壁"，在巴黎时装周上一经亮相，便惊艳全场，收获无数赞誉，为时尚界注入全新活力。

体育界同样有跨界学习带来突破的案例。传统的马拉松训练模式侧重于耐力和速度训练。一位马拉松教练为了提升运动员成绩，跨界学习运动心理学、营养学和人体工程学知识。在训练中，他运用运动心理学的方法，帮助运动员克服比赛中的心理障碍，建立强大的心理素质；依据营养学原理，为运动员定制个性化的饮食计划，确保他们在训练和比赛中保持最佳体能；参考人体工程学，改进运动员的跑步姿势和装备，减少运动损伤，提高跑步效率。在他的指导下，运动员在国际大赛中屡获佳绩，打破多项赛会纪录。

他打破了体育训练与心理学、营养学、人体工程学之间的"次元壁"，为马拉松训练开辟了新的路径。

跨界学习是指跨越不同领域、学科或专业进行知识和技能的学习，以下是一些进行跨界学习的方法：

1. 明确学习目标

——结合兴趣与需求

思考自己对哪些领域感兴趣，以及这些领域如何与自身的职业、生活目标相结合。比如对艺术有兴趣，且从事市场营销工作，就可以考虑学习艺术相关知识，用于提升营销创意。

——确定学习方向

根据兴趣和需求，确定具体的跨界学习方向，如对科技和医学都感兴趣，可将目标定为学习人工智能在医疗领域的应用。

2. 构建知识体系

——广泛阅读

阅读不同领域的书籍、文章、报告等资料，了解基础概念、发展历程和前沿动态。例如学习金融与心理学跨界知识，可阅读《思考，快与慢》等书籍。

——课程学习

利用线上线下课程系统学习。线上如 Coursera、网易云课堂等平台有丰富的跨学科课程；线下可参加培训班、进修班等。

3. 建立人际网络

——参加行业活动

参加不同领域的研讨会、讲座、展会等活动，结识不同领域的专业人士。如参加科技与文化融合的峰会，与相关从业者交流。

——加入社群

加入跨界学习社群、专业论坛或兴趣小组。如在知乎相关话题下与网友互动，在微信群中与群友探讨问题，分享学习心得和资源。

4. 实践与应用

——项目实践

寻找或参与跨领域项目，将所学知识应用到实践中。如参与企业的数字化转型项目，将技术知识与管理知识相结合。

——案例分析

研究跨领域成功案例，分析其思路和方法。例如研究特斯拉如何将科技与汽车制造跨界融合，提升产品竞争力。

5. 反思与总结

——定期复盘

定期回顾学习过程和实践经验，分析哪些知识掌握得好，哪些应用得不够熟练。如每月对自己的跨界学习进行一次总结。

——调整优化

根据复盘结果，调整学习方法、内容和实践策略，不断提升跨界学习效果，使学习更有针对性和实效性。

在这个多元融合的时代，故步自封于单一领域，只会让思维变得僵化。**只有大胆地跨界学习，打破思维的"次元壁"，才能让不同领域的智慧相互碰撞**，绽放出绚丽的创新之花，开启通往成功的全新大门。

用成功者的思维方式去思考问题

在人生的赛道上，多数人都渴望成功，却往往在平庸中徘徊，究其根源，在于思维方式的差异。那些站在巅峰的成功者，他们的思维方式犹如熠熠生辉的灯塔，照亮我们前行的道路。若想实现人生的跃迁，就要学会用成功者的思维方式去思考，摆脱思维的枷锁，拥抱无限可能。

300多年来，哈佛大学造就了一代又一代的领导人才和社会精英，这些领导人才和社会精英用知识和智慧创造了大量的精神财富和物质财富，为人类社会所共享。培养领导21世纪的人才，是哈佛大学对新世纪的庄严承诺。

哈佛肯尼迪学院现在的口号是"为21世纪准备领导人"，它的MPA项目的培养目标是：培养公共部门的政策分析者和领导者。所以，在肯尼迪学院，经常能够听到"我是未来的美国总统""我是不久的外交官"之类的宣言也就不足为奇了。而哈佛商学院之所以几十年来一直被称为超一流的高级学府，其教学目的极为明确：培养有责任感、有道德的一流管理人才——公司总经理。

这就是哈佛学子，这就是哈佛的教育。从踏入哈佛校门起，学生们就被潜移默化地培养出精英思维模式。他们以领军人物的标准要求自己，在学习和研究中践行这种理念。令人惊叹的是，大多数哈佛毕业生最终确实成为各自领域的翘楚。这证明：当一个人开始用成功者的方式思考时，他距离成功就不远了。

罗森塔尔是美国的一位心理学教授，他曾经做过这样一个实验，将一群用于科学实验的小白鼠分为两组，交给两个实验员训练。他告诉实验员，经过他的测验，A组小白鼠是比较聪明的，B组则是比较笨的小白鼠。

一段时间以后，罗森塔尔又对这两组小白鼠的训练水平进行了测试。结果证明，A组小白鼠果然更聪明，而B组就相对笨一些。

实际上，这两组小白鼠不过是罗森塔尔随机抽取的罢了。也就是说，两组小白鼠的智力水平是没有很大差异的。因此，罗森塔尔的结论是：如果实验员把小白鼠当成聪明老鼠来训练，小白鼠就会变聪明；相反，如果实验员把小白鼠当成笨老鼠来训练，小白鼠就会变得笨一些。

小白鼠是如此，那么我们人类呢？带着这个问题，罗森塔尔又做了下面的这个我们经常谈起的实验。

罗森塔尔在新生入学的花名册上随机勾选了几个同学的名字，告诉老师，经过他的测试，这几个同学是特别聪明的孩子，请老师特别对待。一个学期后，这几个同学果然取得了比一般同学更好的成绩。这个时候，罗森塔尔才告诉老师，这几个同学的名字不过是他随便勾的罢了，他根本就没有经过什么水平测试。

同样智力的同学，经过老师的特别对待，就变成聪明孩子，这说明什么呢？或者说，老师对待聪明学生的方法有什么特别之处吗？

相信自己能成功，是迈向成功的关键一步。人们做事时，对结果的预设会在很大程度上影响最终成果。满怀自信能赋予我们坚持不懈的勇气，点燃持续探索的热情，助力我们在实践中保持积极状态，最终收获成功。

在体育界，网球巨星费德勒也是用成功者思维方式思考的典范。他拥有"全局思维"和"创新思维"。在网球比赛中，他不局限于每一个球的得失，而是从全局出发，分析对手的弱点和自己的优势，制定战略战术。同时，他敢于创新，在传统的网球打法中融入自己的风格，如他的单手反拍技术，在现代网球中较为少见，但他通过不断练习和改进，将其变成自己的制胜法宝。费德勒用自己的思维方式，在竞争激烈的网坛取得了辉煌成就，多次获得大满贯冠军。

用成功者的思维方式去思考，不是简单地模仿，而是对思维的深度革新。它能让我们从不同角度看待问题，突破思维定式，在困境中找到出路，在平凡中创造非凡。若想在人生的舞台上大放异彩，就必须挣脱平庸思维的束缚，向成功者学习，用他们的思维方式开启成功之门。

想要用成功者的思维方式去思考，可从以下几个方面入手：

1. 目标导向

——明确愿景与使命

成功者通常有清晰长远的愿景和使命感。如马斯克以"加速世界向可持续能源的转变"为使命创立特斯拉，以"使人类成为火星的殖民者"为愿景创办 SpaceX，这种宏大目标为其行动提供了强大动力和方向指引。

——制订 SMART 目标

SMART 即具体的（Specific）、可衡量的（Measurable）、可达到的（Attainable）、相关的（Relevant）、有时限的（Time-bound）目标。如一位销售人员设定季度内将销售额提高 20%，并细化到每个月的具体销售任务，这能让目标更具可操作性。

2. 积极心态

——正向自我认知

相信自己的能力和价值，把自己视为问题解决者而非受害者。如乔丹在篮球生涯中，始终坚信自己能克服困难，成为篮球史上的传奇人物。

——乐观面对挑战

将挫折看作成长的机会。像史蒂夫·乔布斯被苹果公司驱逐后，没有一蹶不振，而是认为这是新的开始，后来创立 NeXT 和皮克斯，为回归苹果并实现更大成功奠定了基础。

3. 创新与突破

——敢于质疑现状

不满足于现状，对传统观念和做法提出疑问。如哥白尼敢于质疑当时主流的"地心说"，提出"日心说"，推动了天文学的发展。

——拥抱变化与风险

乐于接受新事物，勇于尝试未知领域。互联网行业的创业者们在早期就积极拥抱互联网浪潮，尽管面临诸多不确定性和风险，但很多人凭借创新思维取得了巨大成功。

4. 专注与坚持

——深度聚焦

在一段时间内专注于一项重要任务，避免分散精力。如作家村上春树在创作期间，会给自己设定每天的写作字数目标，专注于创作，不受外界干扰。

——持续行动

面对困难和挫折时，不轻易放弃，持续努力。爱迪生在发明电灯的过程中，经历了无数次失败，但他坚持不懈，最终成功为人类带来了光明。

5. 合作与共赢

——重视团队协作

懂得发挥团队成员的优势，共同实现目标。如篮球比赛中，优秀的球队教练会根据球员特点制定战术，让球员们相互配合，发挥团队的最大战斗力。

——建立良好人际关系

与他人建立广泛而良好的合作关系，实现互利共赢。如商业领袖们通过参加行业活动、建立战略合作伙伴关系等，拓展人脉资源，为企业发展创造更多机会。

学会成功者的思维方式，将助力你踏上成功之路。

第五章
想赢就要敢上场,让自己先登上舞台

莎士比亚说:"本来无望的事,大胆尝试,往往能成功。"

机会总是留给有准备且勇敢的人,别再犹豫观望,大胆踏上舞台,只有参与其中,才有机会成为人生这场大戏的主角,赢得属于自己的荣耀。

舞台灯光已亮,上场正当时。

别等万事俱备，先上场才有机会

在人生的赛场上，太多人总想着万事俱备才上场，却不知机会的列车从不等人，只有先迈出那一步，才有抓住机遇的可能。

机会偏爱勇敢的行动者，瞻前顾后只会错失良机。

史蒂夫·乔布斯在推出麦金塔电脑时，一开始并非一帆风顺。当时，个人电脑市场被IBM等巨头占据，苹果内部对这款产品的设计方向也存在诸多分歧。技术上，要在有限空间内集成更强大的功能，面临硬件小型化和性能优化的双重难题；市场层面，消费者对苹果新的产品理念接受度未知。但乔布斯没有被这些阻碍吓倒，没有等待一切毫无瑕疵才行动。他力排众议，带领团队日夜奋战，从产品外观到操作系统，精心打磨每一个细节。尽管麦金塔电脑上市初期遭遇一些挫折，但它独特的图形用户界面和创新设计，彻底改变了个人电脑的发展方向，开启了苹果的辉煌篇章。

倘若乔布斯当初因条件不完美而踌躇不前，或许个人电脑的变革将被推迟，苹果也难以成为如今的科技巨头。

机会永远青睐那些敢于率先行动的开拓者，在犹豫与等待中，机遇的火花会悄然熄灭。

比如短视频创业浪潮，许多人看到短视频兴起，心中有无数创意，却总觉得设备不够好、拍摄技巧不够娴熟、没时间做策划，迟迟不敢行动。而李子柒，在没有专业团队、高端设备时就开始拍摄田园生活短视频。她最初用简单设备记录乡村日常，从美食制作到传统手工艺展示，凭借独特内容吸引大量粉丝，成为短视频领域头部创作者。她没等一切准备周全，先上场展示自己，才有了如今的成就。

在时代的风口，犹豫是最大的敌人，先出手才有赢的可能。

在学术科研领域，同样如此。一项关于新型材料的研究课题，研究团队面临着实验设备陈旧、理论模型不完善、研究经费紧张等困境。团队中的小张，没有因这些困难而放弃参与研究。他主动提出改进实验方案，利用有限的资源，通过多次尝试，优化实验流程。在研究过程中，他积极与其他科研团队交流合作，学习借鉴先进的理论和技术。最终，他们成功研发出新型材料，为相关领域的发展做出重要贡献。

小张的经历证明：科研的道路上，不会等你准备好一切才给予机会，主动出击，在探索中积累知识、攻克难题，才能取得突破。

人生没有彩排，机会不会等你万事俱备。别在准备的温床上躺太久，先上场，在实践中解决问题、积累经验，才能拥抱属于自己的辉煌。

怕输就会输一辈子，敢上场才是出路

在人生的竞技场上，恐惧失败的阴霾常常让许多人畏缩不前。殊不知，怕输者才是真正的输家；唯有勇敢上场，才能找到通往成功的出口。

美国拳王阿里，他的职业生涯充满挑战与争议。每次比赛前，对手都不弱，受伤、失败的风险如影随形，但阿里从未因害怕输而逃避。他在拳台上喊出"我是最伟大的"，用无畏的气势和精湛的拳技征服观众。在与利斯顿的对决中，赛前舆论普遍不看好阿里，可他毫无惧色，主动出击，最终创造奇迹赢得胜利。

如果阿里因怕输而不敢站在拳台上，他又怎能成为拳击史上的传奇？<u>**害怕失败，是给自己套上枷锁；勇敢挑战，才是开启荣耀之门的钥匙。**</u>

真正的失败不在于结果未达到预期，而在于被恐惧束缚了前行的脚步。唯有鼓起勇气，无畏地踏上征程，才有可能在荆棘丛中踏出一条成功之路。

篮球巨星迈克尔·乔丹，他的篮球生涯堪称一部传奇史诗。在高手如云的 NBA 赛场，每场比赛都充满变数，被对手击败、遭遇职业生涯的滑铁卢是随时可能发生的事。但乔丹从未因畏惧失败而退缩，他凭借着对篮球的热爱和对胜利的执着追求，不断磨砺自己的球技。在1997年总决赛第五场，乔丹顶着高烧上场，身体极度不适，可他眼中只有胜利的曙光。他全场砍下38分，带领公牛队艰难取胜。那一刻，他用行动诠释了何为无畏。

倘若乔丹因害怕失败而在关键时刻选择放弃，又怎能铸就篮球史上的公牛王朝，成为篮球界永恒的神话？害怕失败，是给自己的梦想套上沉重的枷锁；勇敢挑战，才是开启成功大门的金钥匙。

在科技创新领域，大疆创新的创始人汪滔同样展现出非凡的勇气。在无人机行业发展初期，技术难题堆积如山，市场需求也尚不明确，行业前景一片混沌。很多人对涉足这个充满未知的领域望而却步，可汪滔没有被这些不确定性吓倒。他坚信无人机技术蕴含着巨大的潜力，毅然投身其中。创业过程中，大疆遭遇过技术瓶颈、资金短缺等诸多困境，甚至面临产品不被市场认可的尴尬局面。但汪滔没有放弃，他带领团队日夜钻研，不断优化产品。最终，大疆凭借领先的技术和卓越的产品，占据了全球无人机市场的主导地位。

要是汪滔因害怕创业失败而畏首畏尾，就不会有如今无人机在影视、农业、测绘等多领域广泛应用的繁荣景象。**不敢踏上创新的战场，就永远无法摘取成功的硕果；勇敢上场，才有改写行业格局的可能。**

在校园生活中，晓妍一直对参加数学竞赛心存恐惧。数学本就是她的薄弱学科，竞赛的难度更是让她望而生畏，她害怕在竞赛中表现不佳，被同学和老师看轻。直到一次偶然的机会，她的数学老师发现了她在数学解题方面的独特思维，鼓励她参加竞赛。晓妍内心挣扎许久，决定突破自己。在备赛的日子里，她每天花费大量时间学习数学知识、做练习题，遇到难题就向老师和同学请教。竞赛当天，她虽然紧张得手心冒汗，但还是鼓起勇气完成了考试。尽管最终没有获奖，但这次经历让她对数学的态度发生了转变，她不再害怕挑战难题，数学成绩也有了显著提升。

在成长的道路上，害怕犯错、害怕失败，会让你错过许多成长的契机；只有鼓起勇气上场，才能实现自我突破。

人生不是一场预设结局的平淡演出，害怕失败便等同于提前给自己判了"出局"。只有勇敢地站在人生的舞台中央，将输赢置之度外，尽情挥洒汗水与激情，才能在不懈地拼搏中绽放出耀眼的光芒，书写属于自己的华彩篇章。

打破恐惧枷锁，迈出上场第一步

在人生的漫漫征途里，恐惧好似一张无形大网，将许多人困于平庸角落，动弹不得。殊不知，只有拿出破釜沉舟的勇气，挣脱这张网，果敢地踏上拼搏之路，才可能在舞台中央熠熠生辉。

恐惧是追寻梦想路上的拦路虎，唯有勇敢打败它，才能踏上通往辉煌的征途。

商界传奇老干妈陶华碧，出身平凡，没什么文化，创业初期资金匮乏，也没有复杂的营销手段和人脉资源。开办辣酱工厂时，简陋的生产条件、激烈的市场竞争，让她面临诸多难题。每一步决策都充满未知，失败的风险如影随形，恐惧时刻笼罩着她。但陶华碧没有被吓倒，她坚信自己的辣酱口味独特，有市场前景。凭借着对品质的坚守和吃苦耐劳的精神，她背着辣椒酱四处推销，从街边小店开始，一步步打开市场。如今，老干妈辣酱畅销全球，成为国民品牌。

陶华碧用行动印证：**恐惧是成功路上的迷雾，唯有勇敢前行，才能拨云见日，拥抱胜利曙光。**

在奥运赛场上，邓亚萍身材矮小，并不具备传统意义上的乒乓球运动员优势。进入省队选拔时，她因身高问题被多次拒绝，这让她承受着巨大的心理压力，恐惧自己的乒乓球梦想就此破灭。但邓亚萍骨子里不服输，她凭借着顽强的毅力和对乒乓球的热爱，开始了超乎常人的刻苦训练。每天在训练馆里挥汗如雨，手上磨出了水泡、老茧，她都咬牙坚持。最终，她凭借凌厉的打法和过硬的技术，在国际赛场上斩获无数荣誉，成为中国乒乓球的传奇人物。

邓亚萍的经历诠释了害怕挫折永远无法登顶，只有勇敢迈出第一步，才能在赛场上铸就辉煌的道理。

教育领域，张桂梅校长立志改变山区女孩的命运，创办免费女子高中。可这一过程困难重重，资金短缺、师资匮乏、家长的质疑，每一项都足以让人却步。张桂梅校长心里清楚前路艰难，也会感到害怕和迷茫，但她没有被恐惧左右。她四处奔走筹集资金，亲自到山区劝说家长让女孩上学，为学校寻找优秀教师。在她的努力下，华坪女高成立，一届又一届的山区女孩从这里走出大山，改变了自己和家庭的命运。

张桂梅校长用坚持证明：被恐惧束缚就只能停滞不前，**只有勇敢地迈出第一步，才能开启改变命运的大门。**

职场上，小王一直渴望晋升，却因害怕在领导面前表现不佳，总是错过展示自己的机会。一次公司组织重要项目，需要有人主动请缨负责。小王内心十分纠结，一方面是对成功的渴望，另一方面是对失败的恐惧。经过激烈的思想斗争，他决定打破恐惧的枷锁，主动报名。在项目执行过程中，他遇到了诸多困难，但凭借着自己的努力和团队的协作，最终出色地完成了任务，得到了领导的认可和晋升机会。他感慨道："在职场中，被恐惧束缚就只能原地踏步，只有勇敢地迈出第一步，才能开启晋升的大门。"

打破恐惧枷锁是一个需要耐心和决心的过程，以下是一些有效的方法：

1. 认知层面

——深入分析恐惧根源

静下心来思考恐惧的来源，是过去的创伤经历、他人的负面评价，还是对未知的不确定性等。比如害怕演讲，可能是曾经在台上忘词被嘲笑。只有明确根源，才能有的放矢地应对。

——纠正错误认知

审视自己对恐惧对象的看法是否存在夸大或不合理的地方。如害怕坐飞机，可能是过度放大了飞机失事的概率，要通过了解真实的安全数据等方式，理性看待恐惧对象。

2. 情绪管理

——调节当下情绪

当恐惧情绪袭来时,尝试深呼吸,让空气深达腹部,慢吸慢呼;也可以通过冥想放松身心,排除杂念,使紧张的情绪得到缓解。

——培养积极情绪

多关注生活中的美好和自身的优点,通过写感恩日记等方式,每天记录让自己感恩和开心的事情,提升心里的正能量,以对抗恐惧情绪。

3. 行为训练

——设定目标与步骤

将克服恐惧的过程分解为可操作的小目标。如恐高的人想登上高处,可先从爬一层楼梯开始,逐渐增加高度,每完成一个小目标就给自己奖励,增强信心。

——模拟演练

在脑海中或在现实场景里模拟可能引发恐惧的情境,反复练习应对方法。如害怕面试,就多进行模拟面试,熟悉流程和可能遇到的问题,减少真实场景中的恐惧。

4. 社交支持

——分享感受

与信任的人述说自己的恐惧,他们的理解、支持和经验分享可能会给你新的视角和启发。如和有同样恐水经历的人交流,了解他们是如何克服的。

——寻求专业帮助

若恐惧严重影响生活,可寻求心理咨询师等专业人士的帮助,他们能运用专业的方法,如系统脱敏法等,帮助你打破恐惧枷锁。

人生没有回头路,机遇转瞬即逝。别让恐惧阻碍你前行,勇敢冲破恐惧的樊篱,迈出关键的第一步。你会发现,曾经那些让你胆战心惊的困难,都是成功路上的宝贵财富。

锻造强者心态，
信念为你保驾护航

在人生的漫漫征途上，强者心态与坚定信念宛如闪耀的北极星，照亮前行道路，引领我们穿越荆棘，抵达成功彼岸。

音乐家贝多芬，一生饱受磨难。正当他在音乐创作上崭露头角时，却逐渐丧失听力，这对一位音乐家来说，无疑是致命打击。但贝多芬凭借钢铁般的强者心态，没有被命运的残酷打倒。他坚信自己对音乐的独特理解和表达，即便听不见外界的声音，也能在内心奏响最震撼的乐章。在无声的世界里，他用牙齿咬住木棒，通过震动感受音符，日夜沉浸在音乐创作中。从激昂的《命运交响曲》到悠扬的《月光奏鸣曲》，他用一部部不朽的作品，向世界宣告着他对音乐的执着和对命运的抗争。

强者的灵魂，是在黑暗深渊中仍能绽放光芒的星辰，信念是他们永不熄灭的火种。

商业领域的褚时健，同样诠释了强者的坚韧。他曾将濒临倒闭的玉溪卷烟厂打造成亚洲最大的卷烟厂，却在人生巅峰时遭遇重大挫折。但褚时健没有被困境击垮，凭借着"不服输"的强者心态，在古稀之年选择二次创业，投身橙子种植。面对资金短缺、技术难题、市场竞争等重重困难，他深入果园，学习种植技术，研究土壤、气候对橙子生长的影响，四处奔走寻找投资和销售渠道。经过多年的努力，"褚橙"凭借优良品质在市场上声名鹊起。

褚时健用行动证明：信念是创业路上的指南针，强者凭借它，可以在挫折中重塑辉煌。

马拉松选手阿贝·比基拉同样如此。他出身贫寒，没有专业跑鞋，却立志在长跑领域闯出一片天。首次参加奥运会马拉松比赛，他赤脚奔跑。面对实力强劲的对手，他凭借坚定信念和强者心态，一路咬牙坚持。当他冲过终点线，打破奥运纪录的那一刻，全世界为之震惊。

心中有信念，脚下有力量，强者以无畏之心，跨越人生的每一道艰难险阻。

锻造强者心态是一个长期的过程，需要从认知、行为、情感等多个方面进行努力。

1. 转变认知观念

——积极自我暗示

每天起床后对着镜子告诉自己"我可以""我有能力解决问题"等话语，给自己加油打气，通过积极的自我暗示，改变潜意识，增强自信心。

——视挫折为机遇

把挫折看作是成长和学习的机会，分析失败原因，从中吸取教训。如考试失利后，不气馁，而是思考哪些知识点没掌握好，制订改进计划。

2. 设定并追求目标

——制订清晰目标

结合自身情况和梦想，制订长期、中期和短期目标。长期目标可为成为行业内的专家，中期目标是在三年内获得相关专业证书，短期目标可以是本月读完一本专业书籍。

——逐步实现目标

将大目标分解为可操作的小目标，每完成一个小目标就给自己奖励，增强成就感和动力。如为完成一篇论文，可先设定收集资料、拟定大纲、撰写初稿等小目标，完成一个就休息一下或吃点喜欢的食物奖励自己。

3. 培养坚韧品质

——刻意挑战困难

主动承担有挑战性的任务，在克服困难的过程中锻炼自己的意志。比如参加高难度的竞赛项目或接手复杂的工作任务。

——坚持运动锻炼

选择一项自己喜欢的运动，如跑步、健身等，坚持定期锻炼。运动不仅能增强身体素质，还能培养毅力和耐力，让你在面对生活中的困难时有更坚韧的心态。

4. 调整情绪管理

——学会情绪调节

当感到焦虑、愤怒等负面情绪时，可通过深呼吸、冥想、听音乐等方式进行调节，让自己迅速冷静下来，避免情绪失控影响心态。

——保持乐观心态

关注生活中的积极面，遇到事情多往好的方面想。即使遇到困难，也能看到其中的积极因素，用乐观的态度面对一切。

5. 加强社交互动

——结交优秀人士

与有强者心态的人交往，他们的思维方式和行为习惯会对自己产生积极影响，能激励自己不断进步。

——寻求他人支持

在遇到困难时，不要独自承受，向家人、朋友或同事寻求支持和帮助，他们的鼓励和建议可能会让你豁然开朗，增强面对困难的勇气和信心。

生活的道路从不会一帆风顺，拥有强者心态，坚守信念，才能在狂风暴雨中屹立不倒。不要因为一时的困境就轻言放弃，信念会化为坚实的羽翼，带我们飞过山川湖海，拥抱成功的曙光。

打磨核心技能，
实力才是硬通货

在竞争激烈如战场的世界里，一切花哨的包装与空谈都如过眼云烟。唯有打磨核心技能，凭借实打实的硬实力，才能在时代浪潮中站稳脚跟，收获真正的成功与尊重。

篮球巨星迈克尔·乔丹，堪称打磨核心技能的典范。他初入NBA时，身体素质虽出色，但技术并非完美。乔丹没有满足于此，他疯狂打磨自己的得分技巧，从标志性的后仰跳投，到犀利的突破切入，再到顽强的防守能力，每一项技能都被他雕琢到极致。哪怕面对活塞队"坏小子军团"的恶意针对，他也未曾退缩，而是不断提升自己，用实力说话。他在职业生涯中，六次夺得 NBA 总冠军，五次获得常规赛 MVP，成为篮球史上的传奇。

乔丹用行动证明：在篮球场上，没有花拳绣腿的立足之地，只有把核心技能练到炉火纯青，才能登上王者之位。

塞雷娜·威廉姆斯，也就是大家熟知的"小威"，从青少年时期就投身网球训练。在成长过程中，作为黑人选手，她面临着来自外界的歧视与偏见。可小威凭借强大的心理素质和对网球的热爱，在训练场上挥洒无数汗水。每一次面对实力强劲的对手，她都能凭借坚定信念和顽强斗志，在赛场上释放出强大的能量。她 23 次获得大满贯单打冠军，成为网球界的传奇。

心中有信念，手中有力量，强者以坚韧不拔的毅力，跨越人生的每一道难关。

企业家稻盛和夫创立京瓷时，只是一个怀揣梦想的年轻人，缺乏资金、技术和人脉。创业初期，公司订单稀少，技术难题频发，甚至面临员工集体辞职的危机。但稻盛和夫凭借不服输的强者心态，深入一线与员工共同解决技术问题，亲自跑市场拉订单。他坚信只要为客户提供有价值的产品，企业就能发展。在经营过程中，稻盛和夫不断创新管理理念，提出"阿米巴经营"模式，让公司各部门像独立小团队一样高效运作。凭借坚定信念和不懈努力，京瓷从一家小作坊发展成为世界 500 强企业。

稻盛和夫用实践证明：信念是企业发展的基石，强者以无畏之心，方能在商海中乘风破浪。

生活充满变数，拥有强者心态，坚守信念，才能在逆境中屹立不倒。不要因一时挫折就退缩，信念会化为羽翼，帮助我们飞越艰难险阻，拥抱胜利曙光。

打磨一个人的核心技能，可能需要长期的努力和实践，以下是一些具体方法：

1.明确核心技能

——自我评估

对自己的知识、技能、兴趣和优势进行全面评估，列出自己擅长和感兴趣的领域,如沟通能力强、对数据分析有兴趣等。

——结合职业目标

根据自己的职业规划和发展方向,确定与之匹配的核心技能。如果想成为软件工程师,编程和算法设计就是核心技能。

2. 制订学习计划

——设定目标

将核心技能分解为具体的、可衡量的小目标。以学习英语为例,可设定每天背诵 50 个单词、每周完成一篇英语作文的目标。

——安排学习时间

合理安排时间,保证每天有足够的时间用于学习和练习核心技能。比如每天晚上抽出 2~3 个小时专门学习。

3. 进行学习实践

——理论学习

通过阅读专业书籍、参加培训课程、在线学习等方式,系统地学习核心技能的理论知识。如学习绘画,可购买绘画基础教程,或在网上找专业绘画课程学习。

——实践应用

将所学知识应用到实际工作或生活中,通过项目实践、实习、兼职等方式,积累实践经验。比如学习了编程,就尝试自己开发一些小项目。

4. 寻求反馈改进

——自我反思

定期对自己的学习和实践过程进行反思,总结经验教训,找出自己的不足之处。例如每次完成项目后,分析自己哪些地方做得好,哪些地方需要改进。

——他人反馈

向老师、导师、同事、客户等寻求反馈,了解他们对自己技能水平的评价和建议。根据反馈,有针对性地进行改进和提高。

5. 持续更新提升

——关注行业动态

了解核心技能所在领域的最新发展趋势、技术和方法，及时更新自己的知识和技能体系。比如从事人工智能领域，要关注最新的算法和研究成果。

——拓展相关技能

学习与核心技能相关的其他技能，拓宽自己的知识和技能边界，提升综合能力。如摄影师除了提升拍摄技术，还可学习图片后期处理等相关技能。

这个世界从不亏待有实力的人，别再幻想靠投机取巧获得长久成功。沉下心来，打磨核心技能，因为实力永远是行走世间的硬通货，是开启成功大门的金钥匙。

组建优质团队，携手共进赢未来

在时代的浪潮中，单打独斗的英雄主义已难成气候。唯有组建优质团队，凝聚众人智慧与力量，携手并肩，才能乘风破浪，驶向成功彼岸。

漫威电影宇宙的成功，离不开背后强大的团队协作，从编剧、导演、演员到特效团队，每一个环节都紧密配合。编剧精心打磨剧本，构建宏大且逻辑严密的故事架构；导演精准把控镜头语言，将文字转化为精彩画面；演员们全身心投入角色塑造，赋予角色鲜活生命力；特效团队凭借精湛技术，打造出震撼人心的奇幻场景。《复仇者联盟》系列电影，众多超级英雄在银幕上并肩作战，而在幕后，是各部门团队成员像齿轮般紧密协作，才让这部作品收获全球观众的喜爱。

一个人的力量是加法，团队的力量是乘法，齐心协力，方能创造传奇。

在体育界，中国女排是团队精神的代表。训练场上，队员们针对不同位置的技能刻苦训练，从主攻手凌厉的扣杀，到二传手巧妙的传球组织，再到自由人顽强的防守救球，每个环节都不容有失。比赛中，面对强大对手，无论比分如何胶着，她们始终相互信任、相互鼓励。在2016年里约奥运会女排决赛，中国女排在开局不利的情况下，凭借团队默契配合，实现逆转夺冠。

比赛不是一个人的战斗，团队的凝聚力和协作力，是战胜一切强敌的制胜法宝。

曼城足球俱乐部，也是团队协作的典范。足球是十一人的运动，团队的默契与协作，是在绿茵场上克敌制胜的关键。在日常训练中，前锋着重练习射门技巧和跑位意识，中场球员专注于传球精准度和控球节奏，后卫强化防守站位和抢断能力，守门员提升反应速度和扑救技巧。比赛时，无论场上局势如何变化，球员们始终保持高度默契。在英超联赛的关键对决中，面对实力强劲的对手，曼城队球员们凭借出色的团队配合，多次打出精彩的进攻。后卫精准长传，中场球员巧妙过渡，前锋抓住时机破门得分。

日本吉卜力工作室创造了无数动画经典，这也离不开团队间的无间合作。创意团队整日头脑风暴，从生活的细微之处挖掘灵感，将奇思妙想绘制成最初的故事草图；动画师们运用精湛的绘画技巧和先进的电脑技术，为这些故事赋予生动鲜活的角色形象和绚丽多彩的场景；音效团队则精心打磨每一个音符和每一段音效，将影片的氛围烘托到极致。

就拿《千与千寻》来说，为了打造出神秘奇幻的世界，创意团队对每个情节反复雕琢，动画师们一帧一帧地精心绘制，细致到角色的每一个表情、每一缕发丝；音效团队为了契合场景，反复挑选乐器、调整音色。正是各环节团队成员的紧密配合，才让这部作品成为全球动画的不朽之作。

<u>一个人的创意是星星之火，团队的协作是燎原之势，齐心合力，才能点燃成功的绚烂烟火。</u>

组建优质团队，可从以下几个关键方面着手：

1.明确团队目标与角色

——确定清晰目标

明确、具体、可衡量且与公司战略契合的目标是团队的导航灯。

如营销团队目标可为在本季度内将产品市场占有率提高 15%。

——精准划分角色

依据目标确定所需角色及职责。如技术团队需有程序员、测试员、架构师等，各角色分工明确又紧密协作。

2. 招募合适人才

——制定严格标准

根据团队角色需求，制订涵盖专业技能、工作经验、综合素质等方面的招聘标准。如设计团队要求设计师熟练掌握设计软件，有创新思维和良好审美。

——拓展多元渠道

利用线上招聘平台、社交媒体、线下招聘会，以及员工推荐、猎头等多种渠道，吸引不同背景的优秀人才。

3. 建立有效机制

——沟通机制

搭建定期会议、一对一沟通、工作群等多维度沟通渠道，确保信息及时传递和反馈，营造开放包容的沟通氛围，鼓励成员畅所欲言。

——激励机制

建立物质与精神相结合的激励体系，如绩效奖金、晋升机会、荣誉证书、公开表扬等，激发成员的工作积极性和创造力。

——评估机制

制定科学的绩效评估体系，明确评估指标和周期，通过 360 度评估等方式，全面客观地评价成员表现，为奖惩和发展提供依据。

360 度评估是指员工自己、上司、直接部属、同事和顾客等从全方位、各个角度来评估人员的方法。这种方法也被称为"360 度考核法"或"全方位考核法"，最早由英特尔公司提出并实施。

4. 培育团队文化

——塑造共同价值观

提炼如创新、协作、诚信等积极向上的价值观，通过培训、团建等活动，让成员深刻理解并认同，使其成为团队的精神纽带。

——营造良好氛围

倡导相互尊重、信任、支持的工作氛围，鼓励合作与分享。如组织分享会，让成员交流经验和知识，增强团队凝聚力。

在这个充满挑战与机遇的时代，成功不再是个人的独角戏，而是团队的交响乐。汇聚各方人才，打造优质团队，让每个人的闪光点相互交织，才能在激烈的竞争中脱颖而出，共同奏响未来的辉煌乐章。

从容应对挫折，
挫折是成功的阶梯

荆棘之路，刺痛的不仅是肌肤，更磨砺着心志。那些看似阻碍前路的挫折，实则是命运精心安排的踏脚石。当我们学会以伤痕换取智慧，每一步刺痛都将引领我们走向更高处。

日本指挥家小泽征尔，在追逐音乐梦想的道路上，遭遇过诸多挫折。早年，他前往欧洲参加国际指挥大赛。决赛时，他敏锐地察觉到乐谱中存在一处不和谐的地方。在面对权威评委的一致否认时，小泽征尔没有动摇自己的判断，他坚信自己的音乐感知。最终，他果敢地指出乐谱错误，也因此赢得了大赛的冠军。

在此之前，小泽征尔为了提升自己的指挥水平，四处求学，却因亚洲人的身份遭受不少偏见与质疑。但他没有被这些挫折击退，而是不断钻研指挥技巧，观摩大师演出，汲取经验。他用实力证明，挫折是锤炼音乐灵魂的熔炉，从容应对，方能奏响胜利的乐章。

挫折是命运安排的特殊音符，唯有坚定奏响，才能谱写属于自己的华彩旋律。

网球明星纳达尔，在职业生涯中，伤病始终如乌云笼罩。频繁的膝盖伤病让他多次在比赛中退赛，也让他的状态起伏不定。面对强劲的对手和身体的伤痛，纳达尔没有退缩。他积极配合治疗，调整训练方式，加强体能和心理训练。在赛场上，他凭借顽强的毅力和不屈的精神，一次次战胜伤病和对手，斩获多个大满贯冠军。

挫折是成长必经的淬炼，唯有以智慧化解，以勇气面对，方能锻造出更强大的自己。

篮球明星科比·布莱恩特，初入 NBA 时，他只是个名不见经传的新秀。上场机会寥寥，还要面对球迷的质疑和媒体的冷嘲热讽，这些挫折如巨石般压在他的心头。但科比没有被打倒，他将挫折化作前进的动力。无数个凌晨，当整个城市还在沉睡，科比已经在球馆里进行高强度的训练，打磨自己的技术，从后仰跳投到低位单打，从防守脚步到关键球处理，他都力求做到极致。他用汗水和努力回击质疑，在职业生涯中，科比 5 次夺得 NBA 总冠军，成为篮球史上的传奇。

应对挫折，可以从以下几个方面入手：

1. 调整心态

——保持乐观积极

用积极的眼光看待挫折，把它视为成长和学习的机会。就像塞翁失马，焉知非福，挫折可能会带来意想不到的收获。

——增强心理韧性

培养自己在面对挫折时的适应和恢复能力，认识到挫折是生活的一部分，每个人都会经历，不要过分自责或自怜。

2. 分析原因

——全面审视挫折

冷静下来后，仔细分析导致挫折的原因，是自身能力不足、努力不够、方法不当，还是外部环境因素等。比如考试失利，可能是没有掌握好知识点，也可能是考试时过于紧张。

——找准关键问题

从复杂的因素中找出关键问题，以便更有针对性地解决问题。如果是因为工作方法不对导致项目失败，那就要重点改进工作方法。

3. 制订策略

——设定可行目标

根据对挫折的分析,制订合理的目标,目标要具体、可实现、有时限。例如,如果创业失败,不要马上想着再次大规模创业,而是可以先设定小目标,如先积累一定的客户资源。

——规划行动步骤

为实现目标制订详细的计划,包括具体的行动步骤、时间安排和资源需求等。比如要提升自己的专业技能,就可以确定每天学习的时间和学习内容。

4. 寻求支持

——与他人交流

和家人、朋友或同事倾诉自己的感受和经历,他们会提供情感上的支持,并提出一些实用的建议。有时候,他人的一句话会让你豁然开朗。

——寻求专业帮助

如果挫折带来的心理压力过大,自己无法调节,可以寻求心理咨询师等专业人士的帮助,他们能更专业地引导你走出困境。

5. 自我激励

——关注自身进步

在应对挫折的过程中,关注自己的每一点进步和小成就,及时给自己肯定和奖励,这有助于增强自信心和动力。

——树立榜样激励

以那些成功克服挫折的人为榜样,从他们的故事中汲取力量,激励自己坚持下去。比如可以学习海伦·凯勒在失明失聪的情况下依然努力奋斗的精神。

人生没有一帆风顺,挫折是成长的必修课。别在挫折面前哭泣抱怨,把它当作一级级阶梯,踏踏实实地攀登,你终将站在成功的巅峰,俯瞰一路的风雨兼程。

对这个世界祛魅，
你就能更好地做自己

在生活这场漫长的旅途中，我们常常被外界的虚假光环迷惑，陷入不切实际的追逐。只有勇敢地对世界"祛魅"，打破那些虚幻的滤镜，才能回归本真，毫无羁绊地做自己。

拿消费主义陷阱来说，社交媒体上随处可见各种精致生活的场景，如名牌包包、奢华旅行、高档餐厅打卡等。这些看似美好的生活片段，让许多人盲目跟风消费。

小敏就是其中一员，她每月工资大半都花在购买昂贵的化妆品和时尚单品上，只为在朋友圈晒出令人羡慕的生活，可背后却是高额的信用卡账单和入不敷出的窘迫。直到有一天，她看到一位博主真实分享自己的生活，没有华丽的包装，只是简单记录日常的点滴幸福。小敏深受触动，开始反思自己的消费行为。她意识到，那些所谓的精致生活不过是商家和社交媒体营造的幻象，并不是自己真正需要的。于是，她果断"祛魅"，回归理性消费，根据自己的实际需求购买物品，不再被品牌和潮流左右。

如今，小敏不仅经济压力减轻，还发现了阅读、烹饪等真正能让自己快乐的事情，活得更加真实自在。

消费主义编织的是一场虚荣的梦，只有打破它的魅惑，才能看清生活的本质，为自己而活，而非活给别人看。

再看职场，很多人对大厂有着盲目的向往，认为进入大厂就意味着成功和荣耀。小林毕业时，放弃了一家发展前景良好的小公司，费尽周折进入一家知名大厂。然而，进入大厂后，高强度的工作压力、复杂的人际关系以及激烈的内部竞争，让他疲惫不堪。而且，他所做的工作大多是机械重复的任务，很难有个人成长空间。反观当初选择小公司的同学，在那里得到了充分的锻炼，有机会参与核心项目，能力得到快速提升。

小林这才明白，大厂只是被外界赋予了太多幻象，并不一定适合每个人。他毅然辞去大厂工作，重新选择了一家更能发挥自己优势的中型企业。在这里，他如鱼得水，工作生活也变得更加平衡。

职场不是只有大厂一条路，盲目追逐大厂光环，可能会迷失自我。只有对职场祛魅，才能找到真正属于自己的舞台。

在感情世界里，我们也常常被浪漫爱情的理想范式所迷惑。一些影视作品和小说中描绘的完美爱情，让很多人在现实中苦苦寻觅那个"完美恋人"，却忽略了真实的感情需要相互理解、包容和付出。

晓妍一直期待着像偶像剧里那样浪漫的爱情，对身边的追求者百般挑剔。直到她经历了一段刻骨铭心的感情，才明白真正的爱情不是每天的鲜花和甜言蜜语，而是在平凡日子里的相互陪伴和支持。她放下了不切实际的幻想，以真实的自己去对待感情，最终收获了一份真挚而稳定的爱情。

爱情的真谛不在虚幻的浪漫桥段里，只有打破对完美爱情不切实际的幻想，才能在现实中拥抱真实的幸福。

这个世界充满了各种诱惑和虚假的光环，若不懂得"祛魅"，难免会在虚幻中迷失自我。 只有勇敢地撕开这些伪装，回归真实，我们才能以最本真的姿态，成就属于自己的精彩人生。

敢于试错，
人生的容错率大到你无法想象

歌德说："没有人事先了解自己到底有多大的力量，直到他试过以后才知道。"

未知的世界常常让我们心生畏惧，然而我们往往忽略了，人生其实有着超乎想象的容错空间。放下无谓的担忧，勇敢拥抱未知，在探索中会发现人生更多的可能性。

在人生的竞技场上，很多人因害怕犯错、恐惧失败而畏缩不前，错失无数良机。然而，真正的勇者会主动营造高容错率的环境，大胆迈出尝试的步伐，在不断试错中开辟出成功的蹊径。

科技巨头谷歌以鼓励创新、包容失败闻名，对员工来说有着极高的容错率。谷歌允许员工将 20% 的工作时间用于个人感兴趣的项目，即便这些项目可能根本没有结果。Gmail（谷歌电子邮箱）便是在这种宽松环境下诞生的。最初，它只是工程师保罗·布赫海特利用业余时间领头开发的项目，旨在解决传统邮箱存储空间小、广告多等问题。开发过程中，技术难题不断，开发团队也曾遭遇诸多质疑，但谷歌没有因这个项目可能失败而喊停。最终，Gmail 凭借超大存储空间和简洁界面，一经推出便大获成功，改变了全球邮件服务格局。

高容错率是创新的孵化器，畏惧失败的土壤里长不出伟大的成果。唯有勇敢尝试，才能在未知中开拓行业发展的新疆土。

在人生的竞技场上，很多人因害怕失败而畏缩不前，却不知，**真正的成长源于勇敢试错，建立起对失败的"免疫机制"**。

美国游泳名将菲尔普斯的成功之路也并非一帆风顺。一开始，他在一些重要比赛中成绩并不太突出，外界质疑声不断，失败的阴影笼罩着他。但菲尔普斯没有被失败吓倒，他深入分析自己的技术短板，不断调整训练方法，大胆尝试新的训练模式和战术，每一次失败都成为他改进的契机，最终建立起对失败的强大"免疫机制"。在后续的奥运会等国际大赛中，他多次打破世界纪录，斩获多枚金牌，成为泳坛传奇。

在教育领域，芬兰的教育体系鼓励学生在高容错环境下进行探索性学习。课堂上，学生可以自由提问、大胆表达观点，即便答案错误也不会被批评；教师引导学生从错误中学习，培养他们解决问题的能力。这种教育方式下，芬兰学生在国际大赛中成绩优异，创新能力和综合素质也名列前茅。与之形成对比的是，一些传统教育过度强调标准答案，打压学生的尝试欲望，学生因害怕犯错而不敢创新。

人生没有白走的路，每一次勇敢尝试，无论成败，都是成长的积累。别让对失败的恐惧束缚手脚，要主动创造高容错环境，大胆出击，在时代浪潮中闯出属于自己的辉煌天地。

人生就像一场未知的冒险，害怕失败只会让我们困在原地。只有勇敢迈出试错的步伐，在一次次跌倒与站起中建立起对失败的"免疫机制"，才能不断突破自我，最终抵达理想的彼岸。

持续复盘精进，
胜利没有终点线

在人生这场漫长的马拉松中，一时的胜利不足为凭，持续复盘精进，才是保持领先、不断突破的关键。它能让我们从过往经历中汲取养分，于每一次总结中完成自我超越。

拿篮球界的勒布朗·詹姆斯来说，他在职业生涯中，每次比赛结束后，都会与教练、队友一起复盘比赛细节，从战术执行到个人技术发挥，每一个环节都不放过。他会分析自己在哪些进攻选择上不够合理，防守时存在哪些漏洞。比如在一场总决赛中，球队在第三节被对手反超，大比分落后，并最终落败。赛后复盘，詹姆斯发现自己在这一节的传球时机把握不好，导致球队进攻节奏混乱。于是，他在后续训练中有针对性地进行传球训练，提升自己在高压下的决策能力。正是这种持续复盘精进的态度，让他在长达20年的职业生涯里，始终保持着顶尖的竞技水平，多次捧起总冠军奖杯。

<u>胜利只是一时的荣耀，复盘才是永恒的成长，只有不断反思，才能在人生的赛场上永葆锋芒。</u>

在商业领域，华为也是如此。在通信技术飞速发展的浪潮中，华为时刻保持危机感，不断复盘自身的发展策略。早期，华为在国际市场上遭遇诸多技术壁垒和竞争压力。通过复盘，他们意识到自主研发核心技术的重要性，于是加大研发投入，建立了完善的研发体系。之后，华为又针对5G技术的发展进行深度复盘，从技术创新、市场推广到客户服务等方面进行全面分析。他们发现不同地区客户对5G应用场景的需求存在差异，便根据这些差异制定个性化的解决方案，最终成功在全球5G市场占据领先地位。

商业竞争如逆水行舟，不持续复盘改进，就会被时代淘汰；唯有不断反思前行，才能在市场中屹立不倒。

持续复盘精进是一个不断提升自我、优化工作或学习方法的过程，可从以下几个方面入手：

1. 明确复盘目标与计划

——确定清晰目标

明确自己想要在哪些方面取得进步，如工作效率、学习成绩、沟通能力等，将大目标细化为可衡量、可操作的小目标。

——制订复盘计划

根据目标制订详细的复盘计划，包括复盘的时间周期、具体内容和方式等，如每周进行一次工作小结，每月进行一次全面复盘。

2. 收集与整理信息

——记录过程细节

在工作或学习过程中，及时记录关键事件、决策点、遇到的问题及解决方法等，为复盘提供丰富的素材。

——收集多方反馈

主动向同事、上级、朋友等寻求反馈，了解自己在他人眼中的表现，拓宽看待问题的视角。

3. 深度分析与反思

——回顾目标与结果

将实际结果与预期目标进行对比，找出差距和成功点，分析哪些目标达成了，哪些未达成，原因是什么。

——剖析问题根源

对于未达成目标或出现问题的部分，运用"5Why分析法"等工具，深入挖掘背后的根本原因，如能力不足、方法不当、外部环境变化等。

——总结经验教训

从成功和失败的案例中总结经验教训，提炼出可复用的方法和策略，以及需要避免的错误和陷阱。

4. 制订与执行改进措施

——制订具体计划

根据分析反思的结果，制订针对性的改进措施和行动计划，明确具体的任务、责任人、时间节点和预期效果。

——持续跟踪评估

在执行改进计划的过程中，定期对进展情况进行跟踪评估，检查是否按照计划执行，是否取得了预期的效果，并根据评估结果及时调整计划。

——固化成功经验

将经过实践检验行之有效的改进措施和方法进行固化，形成标准操作流程或工作规范，在今后的工作或学习中推广应用。

5. 建立学习与交流机制

——自我学习提升

根据复盘发现的不足，有针对性地进行学习，如阅读相关书籍、参加技能培训、学习在线教程等，不断丰富自己的知识、提升技能。

——加强交流分享

与团队成员、同行或其他有经验的人进行交流分享，借鉴他人的经验和做法，拓宽思路，从不同的角度看待问题。

人生没有终点，一次胜利只是途中的驿站。只有养成持续复盘的习惯，不断精进自己，才能在时代的浪潮中始终保持前行的动力，向着更高的目标奋勇迈进。

第六章
人生的舞台,要学会谋篇布局

　　陈澹然说:"不谋万世者,不足谋一时;不谋全局者,不足谋一域。"

　　人生如戏,没有规划的演出注定混乱。在这广阔舞台上,掌握谋篇布局的技巧,精心编排每一幕,方能演绎出精彩绝伦的人生大剧。

格局决定命运，
布局影响人生

曾国藩说："谋大事者，首重格局。"

在人生这场跌宕起伏的漫长征途里，格局与布局恰似无形却有力的罗盘，指引着命运的航向。它们绝非虚妄的概念，而是决定人生所能抵达的深度与广度的核心要素。

格局，是一个人认知的边界、胸怀的尺度和眼界的高低。它决定了你如何看待世界，又如何在世界中找准自己的位置。

以商业巨擘马斯克为例，他的格局远不止于当下的利益与安稳。当多数人还在传统燃油车领域小步迈进时，马斯克已将目光投向可持续能源与太空探索的未来图景。他投资并不断开发新型特斯拉，致力于推动电动汽车变革，试图打破人类对传统燃油的依赖，为可持续发展开辟新路径；他创办 SpaceX，剑指太空探索，怀揣着让人类成为火星开发者的宏大愿景。他不为眼前的技术难题、资金困境和外界质疑所动摇，因为他的格局赋予他超越当下的视野，让他坚信自己的事业将改变人类的未来。

真正的强者，从不局限于眼前的舒适，而是着眼于时代的浪潮，以大格局引领命运的航向。

马斯克正是凭借这般宏大格局，在充满荆棘的创新之路上披荆斩棘，成为改变世界的商业传奇。

布局则是将宏大格局具象化的战略蓝图，它将抽象愿景转化为清晰可行的步骤，让每一步行动都成为实现理想的基石。

刘邦，这位出身平凡的草根帝王，在秦末乱世中，以非凡的布局能力实现了从市井小民到天下之主的惊天逆袭。他深知自己在军事才能、谋略智慧上的不足，于是便广纳贤才，精心布局。他重用张良，倚重其谋略，让其为自己出谋划策、规划战略方向；信任萧何，让其管理后方，保障粮草和兵员的供给，稳固大后方；任用韩信，发挥其卓越的军事指挥才能，攻城略地。刘邦在不同阶段，根据局势的变化，巧妙布局，将各方力量凝聚成一股强大的合力，向着夺取天下的目标稳步迈进。他没有被眼前的困境吓倒，也没有急于求成，而是有条不紊地实施自己的布局，最终赢得天下。

布局如弈棋，一步错，满盘皆输；步步为营，方能掌控全局。刘邦用他的奋斗轨迹诠释了一个道理：精准的布局能够扭转命运的轨道，让原本遥不可及的梦想成为现实。

反观那些格局狭小、不懂布局之人，往往在人生的泥沼中苦苦挣扎，难以挣脱命运的枷锁。他们只看到眼前的蝇头小利，为了一点得失而斤斤计较，却忽略了长远的发展；他们没有清晰的人生规划，盲目跟风，最终在时代的浪潮中迷失方向。

就像一些职场人士，为了一时的安逸，不敢挑战新的工作任务，害怕承担风险，将自己限制在舒适区中。他们的格局限制了他们的发展空间，不懂布局让他们错失一次次晋升的机会。当时代的变革汹涌而来，他们只能被动接受被淘汰的命运。

格局决定命运的高度，布局影响人生的走向。在这个瞬息万变的时代，我们要不断拓宽自己的格局，如鲲鹏展翅，俯瞰万里山河；精心规划人生布局，似高手弈棋，步步深思熟虑。唯有如此，我们才能在人生的舞台上，演绎出属于自己的璀璨传奇，主宰自己的命运。

以格局为帆、布局作桨，方能主宰命运的航船。

格局的大小，
影响着人生发展的方向

大千世界，茫茫人海，不同的人有着不同的命运。能够左右一个人命运的因素很多，而人生的格局的大小，便是其中极为重要的因素之一。

在人生的竞技场上，格局绝非一个空洞的虚词，而是决定成败的关键力量。格局的大小,宛如命运的标尺,精准丈量出一个人能抵达的高度,也决定了这个人成功究竟会朝着怎样的方向延伸。

古今中外,大凡成就伟业者,无一不是一开始就从大处着眼,心怀乾坤,一步步构筑他们辉煌的人生大厦的。霍英东先生就是其中一位。

香港著名爱国实业家、杰出社会活动家、全国政协副主席……这些光鲜头衔背后,是一位格局宏阔、境界高远的时代典范。霍英东先生的人生轨迹,恰是一部诠释格局力量的生动教科书。

霍英东幼年时家境贫寒,7岁前他几乎没穿过鞋子,贫寒成了他人生起步的第一课。他的第一份工作,是在渡轮上当加煤工。后来,他靠着母亲的一点积蓄开了一家杂货店,慢慢地积累了一些资金。朝鲜战争爆发后,他看准时机涉足航运业,逐渐在商界崭露头角。1954年,他创办了立信建筑置业公司,靠"先出售后建筑"的创新经营模式,成为国际知名的香港房地产业巨头、亿万富翁。再之后,他的经营领域从百货店扩展到建筑、航运、房地产、旅馆、酒楼、石油等。

霍英东叱咤商界大半个世纪,他懂得如何经商,更懂得如何做人:"做人,关键是问心无愧,要有本心,不要做伤天害理的事……"霍英东从未忘记回报社会,他说:"……今天虽然事业略有所成,也懂得财富是来自社会,应该回报于社会。"他在内地投资、慷慨捐赠,却自谦为"一滴水":"我的捐款,就好比大海里的一滴水,作用是很小的,说不上是贡献,这只是我的一份心意!"只有拥有人生大格局的人,才能拥有这样博大的"一份心意"。

君子坦荡荡。霍英东上街从不带保镖,他就像韩愈所说的"仰不愧天,俯不愧人,内不愧心"。他的内心,就是这般坦荡、超然。霍英东在晚年有一句话给人印象特别深刻:"我敢说,我从来没有负过任何人!"这句话,他不假思索地脱口而出,一副轻描淡写的神情,不带半点自傲与自负。

这是拥有人生大格局、生命大境界的人才能有的洒脱、自信。

在中国,从不缺少成功的企业家,也不缺少有钱的富豪,但像霍英东这样赢得公众广泛的爱戴与尊敬的人并不多。只有拥有高尚心灵、精神大格局的人,才是真正的大企业家、大社会活动家、大实践家。只有这样的人，才有深刻的人生使命感、崇高的社会责任感，才有巨大的人格魅力，才能屹立于历史的潮头，赢得世人的敬仰。

格局的大小可从以下几个方面来判断：**大事难事，看担当；逆境顺境，看襟度；临喜临怒，看涵养，患得患失，看智慧；做大做小，看气量；可快可慢，看领悟；是成是败，看坚持。**

上面这段话的意思是说，面对大事和难事的时候，可以看出一个人担当责任的能力；在处于顺境或逆境的时候，可以看出一个人的胸襟和气度；碰到喜怒之事的时候，可以看出一个人的涵养；面对收获或者损失，可以看出一个人的智慧；事情做大还是做小，可以看出一个人的气量；学东西快还是慢，可以看出一个人的领悟能力；做事成功还是失败，可以看出一个人的毅力与韧性。

树立大格局观的人，总能勇敢面对顺境与逆境，展现出"任凭风吹浪打，胜似闲庭信步"的宠辱不惊。凭借其开阔的视野和长远的眼光，他们更能把握机遇，人生篇章也注定精彩异常。

格局的大小，决定了一个人在面对机遇和挑战时的态度与选择。大格局者，如雄鹰展翅，能俯瞰广阔天地，抓住稍纵即逝的机遇，在时代的浪潮中乘风破浪；而格局狭小者，如同井底之蛙，只看到头顶那一小片天空，在故步自封中错失良机，最终被时代的车轮无情碾压。在人生的道路上，我们要不断拓宽自己的格局，以更广阔的视野、更长远的眼光去规划人生，才能在成功的道路上越走越远。

人生虽充满变数，
但规划必不可少

人生之路如同在茫茫大海上行舟，变数如汹涌波涛，时刻可能将我们的生活打乱；如果没有规划，那便如同无舵之舟，只能在浪尖上听天由命。

真正的智者，懂得紧握规划之锚，在变数丛生中，驶向理想的

彼岸。

　　舞蹈家杨丽萍，在追求艺术的道路上，也曾面临诸多现实困境：舞蹈行业竞争激烈，艺术风格的创新与传承困难重重，演出机会也不稳定。但杨丽萍对自己的艺术生涯有着清晰的规划，她深入云南民间，挖掘民族舞蹈元素，将原生态舞蹈与现代艺术相融合，精心打造出《雀之灵》《云南映象》等经典作品。在创作过程中，哪怕数次遭遇资金短缺、演员变动等问题，她也始终坚守艺术规划，不断打磨作品。

　　杨丽萍用坚持证明：艺术创作的变数恰似灵感的淬炼熔炉，规划则是创作的脉络；在变数中坚守艺术规划，才能用肢体语言谱写灵魂的诗篇。

　　应届毕业生小王，毕业后投身新兴的短视频运营行业。行业规则和市场喜好瞬息万变，初期他负责的账号数据不佳，粉丝增长缓慢。但小王没有气馁，他制订了详细的运营规划，每天花数小时分析热门视频，学习拍摄剪辑技巧，研究目标受众喜好；他重新规划了账号内容方向，确定了长期内容主题，制订了短期发布计划。遇到平台算法调整、爆款内容难以复制等变数，他便及时调整规划，尝试新的运营策略。几个月后，他负责的账号粉丝量大幅增长，成为平台知名账号。

　　小王的经历表明：行业变数不断，规划才是成长的指南，每一次策略调整都是对变数的回击。只有及时调整规划深耕行业，才能在新兴领域收获成功。

　　做好人生规划是一项系统工程，可以参考以下关键步骤和方法：

1. 自我评估

　　——全面审视自身

　　对自己的性格、兴趣、能力、价值观进行深度剖析。比如性格外向、善于沟通的人可能更适合销售、公关等工作；而喜欢安静思考、逻辑思维强的人或许在科研、编程领域更有优势。

　　——总结过往经历

　　回顾过去的学习、工作经历，找出自己的成功经验和失败教训，了解自己的成长轨迹和发展趋势。

2. 目标设定

——长期目标

基于自我评估和对未来的期望，确定一个较为远大的长期目标，这可能需要10年甚至更长时间去实现，如成为一名行业领军人物、创办一家成功的企业等。

——短期目标

为了实现长期目标，可将其分解为具体的、可操作的短期目标，一般以1年左右为期限，比如在1年内掌握某项专业技能。

3. 环境分析

——社会环境

关注社会发展趋势、政策法规变化、行业动态等，以判断未来的机会和挑战。例如，随着人工智能的发展，相关领域人才需求旺盛，而一些传统重复性劳动岗位可能会受到冲击。

——家庭环境

考虑家庭的经济状况、家庭期望等因素，比如家庭经济条件有限，则需要优先考虑经济回报较高的职业。

4. 制订计划

——学习与成长计划

根据目标和环境分析，确定需要学习的知识和技能，制订学习计划，如参加培训课程、阅读专业书籍等。

——职业发展计划

明确职业发展路径，包括选择什么样的工作、如何快速晋升等。比如先从基层岗位做起，积累经验，逐步晋升到管理岗位。

——生活规划

除了工作，也要规划好生活方面，如健康管理、社交活动、家庭生活等，以保持工作与生活的平衡。

5. 定期评估与调整

——定期回顾

每隔一段时间，如半年或一年，对自己的人生规划进行回顾，检查目标的完成情况和计划的执行效果。

——动态调整

根据实际情况和新的变化，如市场需求的改变、个人兴趣的转移等，及时对规划进行调整，确保其始终符合自己的发展需求。

人生的变数无法避免，但规划是我们掌控命运的底气。它不是刻板的教条，而是灵活的指引，能让我们在充满变数的洪流中找准方向，及时避开礁石险滩。

不必忧虑规划不够完美，先行动再优化

在追求梦想的道路上，许多人因困于对完美规划的执念，在踌躇与设想中浪费了大量时间，迟迟不敢迈出第一步。然而，现实中，**完美的规划往往只存在于想象之中，唯有先行动起来，在实践中不断优化，才能让梦想照进现实。**

拿微信的开发来说，起初腾讯研发团队期望打造出一款功能完备、体验极致的社交应用，因此在前期投入大量时间构思与筹备。但随着开发的推进，他们发现这样的想法不切实际，产品上线时间可能会被无限拉长。关键时刻，研发团队果断调整策略，决定先推出一个功能相对简单的版本。于是，初代微信诞生，虽功能仅包含即时通讯、图片分享等基础内容，界面设计也不够精美，却成功抢占了市场先机。在后续的迭代中，开发团队根据用户反馈不断优化，陆续添加了语音通话、公众号、小程序等丰富功能，逐渐成为如今人们生活中不可或缺的超级应用。

产品的成功不是一蹴而就的，如果一味执着于完美规划，只会让机会溜走；只有先以行动开启征程，在市场的锤炼中不断优化，才能在竞争中脱颖而出。

美国著名作家海明威在创作时，也秉持"先行动，再优化"的理念。他习惯快速将脑海中的想法一股脑写下来，不管语句是否通顺、逻辑是否严谨，先完成初稿。在他看来，只有先把故事框架搭

建起来，才能有修改和完善的基础。他的许多经典作品，初稿都十分粗糙。像《老人与海》，初稿完成后，他又花费数月时间精心打磨，逐字逐句推敲，才让这部作品成为文学史上的不朽之作。

创业领域，许多成功的初创企业也都是从简陋的起点开始的。某互联网教育创业公司在成立之初，资金有限，团队成员只能在狭小的出租屋里办公。他们没有等办公环境改善、师资力量完备后再开展业务，而是迅速开发出一套基础的在线课程，虽然画质不够清晰、课程内容也不够丰富，但他们凭借这一粗糙版本迅速打开市场，积累了第一批用户。随着业务发展，公司不断投入资金改进技术、优化课程，逐渐成长为行业内的知名品牌。

创业是与时间的较量，一味追求完美的规划可能错失风口，最好是先以行动快速开局，在发展中逐步完善，用实践积累经验，这样才能在竞争激烈的市场上站稳脚跟，实现飞跃。

完美是终点，而非起点，别让对完美规划的苛求阻碍前行的脚步。一个不完美的开始，既是勇气的彰显，也是迈向成功的第一步。**先行动，再优化，方能在人生的赛道上，跑出属于自己的精彩。**

即使是绘制宏伟蓝图，也要从细微处着手

一个人的成功自然离不开心中的宏伟蓝图，但有些人却往往忽略了一个道理：真正的成功，需要从细微处着手，靠点滴积累而成。**宏伟蓝图是远方的星辰，细微着手是脚下的砖石；没有一砖一瓦的积累，再璀璨的星辰也遥不可及。**

在建筑领域，世界著名华裔建筑大师贝聿铭设计的苏州博物馆新馆，整体风格融合传统与现代，宛如一幅宏伟的文化画卷。但深入探究，从一片瓦的弧度、一扇窗的位置，到一块石头的摆放，皆是精心雕琢。为了让建筑与苏州园林的气质相融，团队对每一处墙面的色彩、纹理反复调试，选用的钢材颜色都经过多次配比，只为

呈现最和谐的视觉效果；在空间布局上，精确计算每一个展厅的采光角度，让自然光恰到好处地洒在展品上。正是这些细微之处，共同成就了这座建筑界的经典之作。

在餐饮行业，海底捞以出色的服务闻名。它的成功并非源于什么惊天动地的宏伟策略，而是从细微处着手。服务员记住常客的口味偏好，提前准备好小零食；为带小孩的顾客提供专属儿童套餐和玩具；甚至在顾客排队时，提供免费美甲、擦鞋服务。这些看似微不足道的细节，却极大提升了顾客体验，让海底捞在竞争激烈的餐饮市场脱颖而出。

华为立志成为全球通信领域的领军者，在 5G 技术研发的征程中，面对的是技术封锁、国际竞争等重重挑战。这无疑是一张宏伟至极的发展蓝图，但华为的研发团队却是从最基础的技术原理研究开始，工程师们在实验室里反复钻研芯片的每一个晶体管布局，优化通信算法的每一行代码。为了提升信号的稳定性，他们对基站天线的设计进行了无数次的模拟测试，从天线的形状、角度到材料的选择，不放过任何一个细节。在攻克 5G 技术难题的过程中，哪怕是一个微小的信号干扰问题，他们也会花费大量时间去排查根源，逐一解决。正是这种对细节的执着追求，让华为在 5G 领域取得了领先世界的成就，朝着全球通信霸主的目标大步迈进。

宏伟蓝图是高悬的启明星，细微着手是逐光的步履；没有步步坚实的积累，再明亮的启明星也无法照亮前行之路。

在服装定制行业，设计师郭培打造的高级定制服装，一件件堪称艺术品，设计理念大胆创新，诠释着对美的极致追求。在制作时，从一针一线的针法选择，到每一颗纽扣的精心挑选，再到每一片布料的纹理走向，都是她创作时关注的重点。为了制作一件礼服，她的团队会花费数百个小时，手工绣制精美的图案，每一针的长短、疏密都经过严格把控；在面料的选择上，更是踏遍全球寻找最优质、最契合设计风格的材质，对颜色的调配也细致入微，力求达到最完美的视觉呈现。这些对细节的极致打磨，让她的作品成为时尚界的经典，在国际舞台上大放异彩。

设计的宏伟蓝图是时尚的表达，细微之处是匠心的凝聚；忽视细节，再惊艳的设计也只是昙花一现。

总之，宏伟蓝图固然重要，但它不是一蹴而就的参天大树；只有俯下身，从细微处着手，用汗水和耐心浇灌，才能让蓝图变为现实，收获成功的硕果。

主动勾勒人生框架，在变化中塑造精彩人生

在人生的画布前，若只是被动等待命运的颜料随意泼洒，画面往往杂乱无章。真正的强者，会主动拿起画笔，勾勒人生框架，即便遭遇变数，也能在变化中雕琢出精彩绝伦的人生。

袁隆平一生都在主动勾勒解决全球粮食问题的宏伟人生框架。年少时目睹饥荒惨状，他便立下"让天下人皆能饱食"的志向。此后，他一头扎进杂交水稻研究。试验初期，缺乏研究资料、试验田被破坏，外界还充斥着质疑声，但他从未动摇。在海南发现雄性不育野生稻"野败"，是他突破困境的关键一步。此后几十年，袁隆平团队不断优化杂交水稻品种，从三系法到两系法，再到超级稻，每一次技术飞跃，都是在变数中坚守与奋进。

人生框架是梦想的坐标，挫折是奋进的动力。只有坚守初心，砥砺前行，方能在农业的田野里，播撒丰收的希望。

在创业领域，字节跳动的创始人张一鸣主动勾勒出以创新技术驱动的互联网内容创业框架。在信息爆炸的时代，他敏锐捕捉到用户对个性化内容的需求，打造出今日头条、抖音等爆款产品。创业过程中，行业竞争激烈，技术迭代迅速，市场需求多变，这些变化如同汹涌波涛。但字节跳动凭借对算法技术的持续投入、对用户需求的精准把握，不断优化产品，在变化中巩固和拓展既定框架，最终成长成为全球知名的互联网企业。

创业的框架是梦想的雏形，市场的变化是成长的阶梯。只有坚

定框架，顺势而为，方能在互联网的浪潮中，扬起成功的风帆。

勾勒人生框架是一个需要综合考虑多方面因素并持续探索实践的过程，以下是一些方法和建议：

1. 明确价值观与目标

——审视价值观

价值观是人生的基石，决定着行为和决策的方向。思考对自己而言什么是最重要的，如家庭、事业、健康、自由等，按重要程度排序，可以为人生框架奠定基础。比如，若将家庭置于首位，人生规划中就要预留更多时间陪伴家人。

——设定目标

基于价值观确定长期和短期目标。长期目标如成为行业领军人物、环球旅行等；短期目标要具体可行，如一年内掌握某项技能。目标是人生框架的支柱，可为行动提供清晰方向。

2. 自我评估与探索

——了解自身优势和劣势

通过回顾过往经历、收集他人反馈等方式，明确自己的优势，如沟通能力强、逻辑思维好等；以及劣势，如缺乏耐心、不擅长数学等，以便在勾勒人生框架时扬长避短。

——探索兴趣爱好

尝试不同的活动和领域，发现自己的兴趣所在。兴趣是最好的老师，能激发热情和动力，让人生更有意义。例如对绘画有兴趣，可考虑将其融入职业或业余生活。

——挖掘潜能

挑战自己，尝试新事物，挖掘尚未被发现的潜能。也许在尝试新运动时，你会发现自己有出色的运动天赋。

3. 制订计划与行动

——分解目标

将长期目标分解为阶段性小目标，制订详细的行动计划。比如长期目标是创业成功，可先设定学习创业知识、积累行业经验、筹集资金等阶段性目标，再为每个阶段制订具体步骤。

——规划时间

合理分配时间，确保各项任务和目标都能得到落实。可以制作时间表或使用时间管理工具，提高时间利用效率，平衡工作、学习和生活。

——持续行动

行动是将人生框架变为现实的关键。克服拖延和困难，按计划执行，在实践中不断调整和完善人生框架。

4. 建立人际关系与学习成长

——建立良好人际关系

与家人、朋友、同事等保持良好关系，他们能提供支持、建议和帮助。积极参加社交活动，拓展人脉资源，丰富人生体验。

——持续学习与成长

保持学习热情，通过阅读、参加培训、实践等方式不断提升知识和技能。关注行业动态和社会发展趋势，使人生框架适应时代变化。

人生没有固定剧本，主动勾勒框架，是掌握命运的开端。在变化的洪流中，以坚定的信念守护框架，用灵活的智慧应对挑战，我们都能成就独一无二的精彩人生。

追随内心愿景，
不因外界干扰偏离航线

在人生的茫茫大海上，外界的干扰如汹涌波涛，时刻试图将我们的人生航船掀翻或偏离航道。但真正的智者，会紧紧追随内心愿景，把它当作坚定不移的航标，无论风浪多大，都绝不偏离航线。

"天才少女"谷爱凌的内心被对自由式滑雪的热爱和不断挑战极限的渴望填满,她愿景是在滑雪场上展现人类的勇气与力量,为中国冰雪运动创造历史。训练时,高难度动作带来的受伤风险如影随形,外界对她跨界代表中国参赛也议论纷纷。但她没有被这些干扰阻碍,凭借对滑雪纯粹的热爱和坚定的信念,在雪场上一次次腾空而起,不断挑战此前无人完成的动作。2022年北京冬奥会,谷爱凌斩获2金1银,用实力回应了所有质疑。

外界的议论是呼啸的狂风,内心的愿景是强劲的羽翼。 只有追随内心,逆风翱翔,方能在冰雪的舞台上绽放王者光芒。

同样的,苏翊鸣这位年轻的滑雪天才,一心向往在雪场上自由驰骋,追逐冬奥会金牌梦想。训练过程中,高强度的训练、频繁的伤病,以及外界对他过早投身专业训练的质疑,都没有成为他的阻碍。他清楚自己热爱滑雪,渴望在奥运舞台绽放,这份内心愿景支撑他一次次克服伤痛,挑战极限动作。在2022年北京冬奥会,他成功斩获单板滑雪男子大跳台金牌,实现梦想。

外界的干扰是成长的荆棘,内心的愿景是前行的动力。只有追随内心,披荆斩棘,方能在人生的赛场上,书写荣耀篇章。

在艺术领域,"波点女王"草间弥生从小深受幻觉困扰,独特的感知让她的艺术理念难以被当时的艺术圈接纳,还饱受嘲讽。但她的内心被对波点和奇幻艺术世界的强烈渴望占据,愿景是用艺术表达内心宇宙,治愈观者心灵。即便饱受争议,她也没停下创作。她用无数波点和奇幻雕塑,打造出独一无二的艺术王国,成为当代艺术的标志性人物。

外界的嘲讽是冰冷的霜雪,内心的愿景是炽热的火种; 只有追随内心,融化霜雪,方能在艺术的花园中绽放奇异之花。

追随内心愿景,可以从明确愿景、制订规划、自我管理等方面入手。

1. 明确内心愿景

——深度自我探索

通过反思过往经历,挖掘自己在哪些事情上能获得成就感和快乐；还可以尝试冥想，让内心平静，聆听内心深处的声音，明确自己真正想要追求的东西。

——了解自身优势

进行优势测试，如盖洛普优势识别器（一种人格特征评测系统）等，清晰了解自己的优势；同时询问他人对自己的看法，结合自我认知，基于优势来确定与之匹配的愿景。

——关注社会需求

关注社会热点和发展趋势，将个人兴趣与社会需求结合，让愿景更有意义和价值。

2. 制订实现路径

——分解目标

将大愿景分解为阶段性小目标，使其更具可操作性。

——制订计划

为每个小目标制订详细计划，明确具体行动步骤、时间节点和所需资源。

3. 强化自我管理

——保持专注

采用番茄工作法（一种简单易行的时间管理方法）等时间管理技巧，设定专注工作时间，提高效率；同时减少社交媒体等干扰，为专注创造环境。

——培养毅力

遇到困难时，把它视为成长机会，积极寻求解决办法；还可以通过坚持做小事，如每天早起等，锻炼毅力。

——调整心态

面对挫折保持乐观，通过运动、与朋友交流等方式缓解压力，调整心态。

4. 持续学习提升

——知识技能学习

利用在线课程、书籍等资源，不断学习与愿景相关的知识技能。

——借鉴他人经验

与有相似经历的人交流，参加行业活动、讲座等，从他人的成功和失败中吸取经验教训。

5. 构建支持系统

——寻找志同道合者

加入相关社群、组织，与志同道合者相互鼓励、支持和合作。

——争取家人朋友支持

与家人朋友沟通愿景，争取他们的理解和支持，获得情感和实际帮助。

外界的干扰永远存在，但内心愿景是我们独有的指南针。紧握它，不被外界左右，坚定航行，抵达理想的彼岸。

把握关键节点，
实现人生跃迁

人生恰似一场漫长征途，并非每一步都同等重要，但关键节点却如同岔路口，决定了人生走向。善于把握这些关键节点，便能如鲤鱼跃龙门，实现人生的华丽跃迁。

华语乐坛在千禧年初，流行音乐风格较为单一，市场渴望新的声音。周杰伦从小受到多元音乐文化的熏陶，他抓住了这个音乐风格亟待创新的关键节点，将 R&B、嘻哈、摇滚等元素与中国传统音乐相融合，创作出一系列风格独特的歌曲。出道初期，他的创作风格不被大众理解，但他坚持自我，不断在音乐中探索创新。从《东风破》到《青花瓷》，他用一首首作品开启了华语乐坛的新纪元，成为一代人的青春记忆。

艺术的关键节点是灵感的爆发点，把握它，如奏响命运的华章，便能在音乐的舞台上，绽放独有的光彩。

在结构生物学领域，膜蛋白研究一直是难题，却也是理解生命过程的关键方向。中国科学院院士颜宁早先在普林斯顿大学求学和科研阶段，专注膜蛋白研究，在众多科研人员还在摸索时，她抓住冷冻电镜技术发展的关键节点，将其运用到膜蛋白结构解析中。经过无数次实验，她成功解析多个重要膜蛋白结构，在国际学术舞台大放异彩。回国后，她又出任深圳医学科学院首任院长，推动科研成果转化。

学术的关键节点是科研突破的契机，把握它，如点亮科学探索的灯塔，方能在生命科学的未知海洋中，开辟新的航线。

早期，电竞在中国被视为不务正业，行业发展也不完善。但李晓峰凭借对游戏的热爱和天赋，察觉到电竞行业的潜力。他抓住电竞职业化的关键节点，投身职业电竞。虽然训练条件艰苦，外界质疑不断，他仍凭借顽强意志和高超技术，在 2005 年和 2006 年连续获得 WCG 魔兽争霸项目世界冠军，成为中国电竞的标志性人物，推动中国电竞走向世界。

把握人生关键节点，实现人生跃迁，可从以下几个方面着手：

1. 明确目标与自我认知

——深度自我剖析

通过反思过往经历、评估自身优缺点等方式，明晰自己的兴趣、能力和价值观。比如喜欢绘画且有一定美术基础，价值观上注重创造力和自我表达，就可考虑往艺术相关领域发展。

——确立清晰目标

基于自我认知，制订长期和短期目标。长期目标可以是成为行业领军人物，短期目标则可以是在一年内掌握某项关键技能。

2. 培养敏锐的洞察力

——广泛学习与关注

持续学习不同领域知识，关注社会、科技、行业动态，拓宽视野。如通过阅读行业报告、参加研讨会等，及时了解行业前沿趋势。

——分析趋势与需求

从宏观环境和微观个体需求出发，分析社会发展、政策导向、消费变化等趋势，挖掘潜在机会。如当前人口老龄化加剧，养老产业就蕴含大量机会。

3. 做好充分准备

　　——知识技能储备

　　根据目标和趋势，有针对性地学习知识、提升技能。如想进入人工智能领域，就需掌握数学、编程及机器学习等相关知识技能。

　　——积累实践经验

　　通过实习、兼职、项目合作等积累实践经验，增强应对实际问题的能力，提升个人竞争力。

4. 果断行动与决策

　　——克服恐惧与犹豫

　　面对关键节点，克服害怕失败等心理，相信自己判断，果断迈出第一步，不能因担忧风险而错失良机。

　　——权衡利弊及时决策

　　快速评估各方案利弊，综合考虑后做出最优决策，一旦决定就全力以赴。比如面对不同的工作机会，可综合薪资、发展空间等因素后做出选择。

5. 建立优质人脉与资源网络

　　——积极拓展人脉

　　参加行业活动、社交聚会等，结识不同领域人士，建立广泛的人脉关系，可以从中获取关键信息或合作机会。

　　——整合利用资源

　　整合人脉、信息、资金等资源，为把握关键节点提供支持，如创业时借助人脉获得投资或业务合作。

　　人生路上的关键节点稍纵即逝，却蕴含着改变命运的力量。 练就敏锐眼光，果敢行动，抓住这些人生的关键节点，我们很大程度上就能实现人生的跃迁，绽放出属于自己的耀眼光芒。

善于反思总结，
找到最契合自己的人生布局

人生如棋，每一步落子都关乎全局走向。在这盘复杂棋局中，有人盲目落子，走一步算一步；有人却懂得复盘反思，总结经验，进而找到最契合自己的人生布局。

雷军的创业历程既经历过小米初期的辉煌时刻，也遭遇过艰难的发展瓶颈期。早期小米凭借高性价比策略和互联网营销模式，迅速在智能手机市场崭露头角。但随着市场竞争加剧，小米曾面临库存积压、线下渠道薄弱等问题。雷军没有回避这些困境，而是深刻反思。他意识到，单纯依靠线上销售和性价比战略难以实现长期可持续发展。于是，小米开始加大研发投入，提升产品品质，拓展线下销售渠道，构建智能家居生态链。通过反思与调整，小米找到了更契合自身发展的布局，重新在市场中站稳脚跟，成为全球知名的科技企业。

创业之路荆棘丛生，挫折是反思的契机，反思是布局调整的关键。复盘过往，有助于在商业浪潮中找准方向，打造成功的企业版图。

网球名将李娜，职业生涯也并非一帆风顺。在初入职业网坛时，她沿用传统训练模式，成绩却不尽如人意。李娜没有固执坚持，而是反思训练方法，发现自身力量和体能优势突出，却在战术运用和心理素质上有所欠缺。于是，她更换教练团队，调整训练计划，加强战术训练和心理建设。在 2011 年法网公开赛，李娜凭借出色发挥，夺得冠军，成为亚洲首位大满贯单打冠军。

体育竞技充满变数，反思是突破瓶颈的法宝。剖析自身优劣，才能在赛场上优化竞技策略，书写辉煌战绩。

要想通过反思总结，找到最契合自己的人生布局，可参考以下方法：

1. 定期回顾人生经历

——记录重要事件

撰写日记或创建文档，记录人生中的关键事件，如重要的工作项目、学习经历、人际关系变化等，详细描述事件过程、自己的角色和感受。

——分析成败原因

对成功的事，分析是因自身能力、外部机遇还是团队协作等因素；失败的事，思考是决策失误、努力不够还是外部环境问题，从中吸取经验教训。

2. 审视价值观和兴趣爱好

——价值观梳理

明确自己的核心价值观，如家庭、事业、健康、自由等，按重要性排序，思考日常行为与价值观是否相符，有冲突时如何调整等。

——兴趣爱好盘点

回顾业余时间喜欢做的事，如绘画、阅读等，分析这些爱好能带来的快乐和满足感，能否将其融入职业或生活等。

3. 评估自身能力和优势

——能力清单制作

列出自己的专业技能、沟通能力、领导力等各项能力，注明掌握程度和应用场景，客观评估优势和不足。

——寻求他人反馈

向家人、朋友、同事等询问对自己能力的看法，他们可能会从不同角度发现自己未意识到的优势或问题。

4. 考虑外部环境和趋势

——社会环境分析

关注社会发展趋势，如科技进步、政策变化等对职业和生活的影响，判断哪些领域有发展潜力，哪些可能被淘汰。

——行业动态研究

若有特定职业目标，需要深入研究该行业的现状、前景、竞争态势，了解行业所需技能和素质，判断自己是否适合及如何适应。

5. 制订和调整人生规划

——初步规划制订

基于上述反思总结，制订短期和长期人生规划，明确不同阶段的目标和任务，包括职业发展方向、生活方式等。

——持续调整优化

人生是动态的，根据新的经历、环境变化和自我认知的情况，定期调整规划，保持其与自身和外部环境的契合度。

人生没有固定模板，善于反思总结，才能在不断摸索中，找到最契合自己的人生布局，收获成功与幸福。

复盘过往经历，持续优化人生布局

人生是一场复杂的棋局，每一步落子都影响着后续走向。 而复盘过往经历，就像棋局终了后的复盘，是我们洞察得失、优化布局、实现人生进阶的关键。

知名导演诺兰在电影创作中，也将复盘运用得炉火纯青。他早期的作品风格独特，但在商业与艺术的平衡上有所欠缺。诺兰复盘自己的创作经历后，意识到不能一味追求艺术表达而忽视观众接受度。于是在后续作品如《蝙蝠侠：黑暗骑士》系列中，他巧妙融合深刻的思想内涵与精彩的商业元素，紧张刺激的动作场面和对人性的深度探讨相得益彰，不仅票房大卖，还收获了极高的口碑。这种对创作过程的复盘，让诺兰在电影界独树一帜，不断打造出震撼人心的作品。

在电竞领域，Faker 所在的 SKT 战队在英雄联盟赛事中，曾凭借复盘多次登顶。在一次全球总决赛中，SKT 战队前期表现不佳，团战屡屡失利。教练组迅速组织复盘，仔细分析比赛录像，发现队伍在地图资源控制和团战沟通上存在漏洞。基于复盘结果，他们针对性地调整战术，加强野区资源争夺和团队沟通训练。后续比赛中，

SKT战队凭借默契配合和精准战术，成功逆袭，再次捧起冠军奖杯。这次复盘成为战队扭转战局的关键转折点，彰显了复盘在电竞比赛中的重要性。

郎平执教中国女排时，也曾多次凭借复盘优化战术布局。2016年里约奥运会，中国女排小组赛表现不佳，出线形势严峻。郎平带领教练团队紧急复盘比赛，分析对手特点和自身不足，最终发现球队在进攻节奏和防守配合上存在问题。基于此，郎平果断调整战术布局，优化进攻战术，加强防守训练。在后续淘汰赛中，中国女排凭借全新战术和顽强斗志，一路逆袭，最终夺冠。这次复盘成为中国女排扭转局势的关键，也让郎平的执教生涯再添辉煌。

复盘过往经历，持续优化人生布局，可从以下几个方面入手：

1. 设定复盘周期

——确定时间节点

可按年度、季度或重大事件完成后为周期进行复盘。如每年年底对全年经历复盘，分析一年内工作、学习、生活等方面的得失。

——形成固定习惯

将复盘纳入日常日程，可以每周日晚上花一小时回顾本周经历，梳理重要事件和收获，让复盘成为一种习惯。

2. 全面回顾过程

——记录关键事件

建立专门的复盘文档或使用笔记软件，记录重要事件的时间、地点、人物、过程和结果。如记录工作中完成的重要项目，包括项目背景、任务分配、遇到的问题及解决方法。

——涵盖多维度内容

从工作、学习、人际关系、健康、兴趣爱好等多个维度进行回顾。例如，除了工作业绩，还可复盘与同事的合作关系、自身技能提升情况，以及业余时间兴趣爱好的发展状况。

3. 深入分析原因

——评估目标达成情况

对比实际结果与初始目标，分析哪些目标达成了，哪些未达成。

如年初计划阅读10本书，实际读了8本，要分析未完成的原因是时间安排问题还是阅读方法不当。

——挖掘根本原因

对于成功和失败的事件，都要深入挖掘背后的根本原因，可以采用"5Why分析法"，连续追问"为什么"，找到问题的根源。比如工作任务未完成，可能是个人能力不足、时间管理不善，或是外部资源支持不够等。

4. 总结经验教训

——提炼成功经验

从成功的经历中提炼可复制的经验，形成方法或策略。如成功完成一个项目，总结出有效的项目管理流程、沟通技巧或问题解决方法。

——反思失败教训

针对失败的经历，反思哪些做法是错误的，需要改进。如在人际关系处理上出现问题，反思自己的沟通方式、态度或处理问题的方法有哪些不当之处。

5. 制订优化策略

——调整目标计划

根据复盘结果，调整未来的目标和计划。若发现原定目标过高或过低，要进行合理调整；若有新的发展机会或挑战，要及时制订新的计划。

——明确行动步骤

为实现优化后的目标，需要制订具体的行动步骤，明确每个阶段的任务、时间节点和责任人。如计划提升专业技能，可制订详细的学习计划，包括每天学习的时间、学习的内容和参加的培训等。

6. 持续跟踪反馈

——定期检查进度

按照设定的行动步骤，定期检查自己的执行情况，对比实际进度与计划进度，及时发现偏差。如每周检查学习计划的完成情况，看是否按计划学习了相应的内容。

——收集他人反馈

向他人寻求反馈，了解自己在实施优化策略过程中的表现和改进情况。如向同事、朋友请教，询问他们是否看到自己在某些方面的进步或还有哪些需要改进的地方，根据反馈及时调整优化策略。

复盘过往经历，不是简单回顾，而是深度剖析、总结规律。**只有持续复盘，不断总结与反思，我们才能在人生棋局中，不断优化布局，迈向成功。**

第七章
做人不能太死板，做事要有勇有谋

拿破仑说："最容易打败仗的人，是已经打过胜仗的人。"

在生活的广阔天地里，我们时常面临各种挑战与抉择，而做人做事的方式，则决定了我们能否顺遂前行。死板的处世态度，就像给自己套上枷锁，不仅限制个人发展，还会让机遇一次次擦肩而过；而有勇有谋，则如同手握利刃与指南针，既赋予我们直面困难的底气，又为我们指引正确方向。

摒弃过度老实之态，
适时果敢出击显担当

大多数学校教育和家庭教育都告诉我们，做人要老实本分，不要惹是生非。老实没错，许多人也都希望别人老实，喜欢和老实的人相处、交往，因为和老实的人相处比较安全。但是，任何事情都有一个度，一旦过了这个度，事情就走向了反面。

在人生这场充满变数的角逐中，机会就像稍纵即逝的流星，不会因为你的迟疑而停留。很多人总在机会面前徘徊犹豫、瞻前顾后，最终与成功失之交臂。要知道，"该出手时就出手"，这不仅仅是一种果敢的行动，更是一种掌控命运的智慧。

在当今社会，"老实"一词很难说是褒义还是贬义。有的时候，说你这个人太老实，那无异于说你是个笨蛋。事都是你做的，可最后好处全都是人家的，因此，人们常说"老实人吃亏，老实人无用"。

其实，过于老实往往表现为木讷、保守和因循守旧。这类人通常不擅长洞察人情世故，缺乏主动规划人生的意识。他们习惯按部就班，难以突破常规思维，既不懂得主动探索新方向，也不敢尝试创新，往往只是被动执行他人的指令，甚至对自身的优势与局限都缺乏清晰认知。如此一来，在追求成就的道路上，自然会面临重重阻碍。

当今社会，事事都讲竞争，很多利益需要努力争取才能获得。如果太老实的话，就会经常受人"欺负"，事事都不敢去和别人争，事事都让着别人，这样的话，你就会失去很多东西。所以说，做人不要太老实，该争取的时候一定要据理力争。

在人际交往中，一味老实可能让自己陷入被动。小张是个老实憨厚的人，朋友找他帮忙，他总是有求必应，哪怕自己要付出很多时间和精力。有一次，单位领导提出一个不合理的请求，让他帮忙承担别人工作失误的责任。小张因为不好意思拒绝，最终给自己带来了很大麻烦。

人际交往需要真诚，但也不能没有原则和底线。一味地迁就他人，只会让自己成为别人眼中的软柿子，任人拿捏。在人际交往中，我们要学会保护自己，该拒绝时就拒绝，该争取时就争取，这样才能赢得他人的尊重，建立健康的人际关系。

做人不要太老实，并不是要我们抛弃善良和真诚，而是要在适当的时候展现出自己的锋芒，勇敢地为自己争取机会，坚定地捍卫自己的权益。生活不会因为你的老实就对你格外优待，只有该出手时就出手，才能在人生的道路上披荆斩棘，走向属于自己的辉煌。

人生如逆水行舟，不进则退。很多人在面对机会时，因瞻前顾后、犹豫不决，最终错失良机，只能在回首往事时徒留遗憾。记住，犹豫是成功路上的暗礁，只有果断出手，才能在人生的浪潮中破浪前行。

别让犹豫绊住脚步，敢出手才能掌控人生。

秦末时，陈胜只是一介雇农，却心怀鸿鹄之志。当他和一大批戍卒在大泽乡遇雨失期、按律当斩的绝境来临时，摆在众人面前的只有死路一条。但陈胜没有坐以待毙，他敏锐地意识到这是推翻暴秦的契机，果断对同伴高呼："王侯将相宁有种乎！"就是他这振臂一呼，众人揭竿而起，点燃了反秦的烽火。

若陈胜当时畏惧暴秦的强大，害怕起义失败，那他或许只能默默地死于律法，更不会拉开秦末农民起义的大幕，被后世铭记。

时机稍纵即逝，犹豫者错失胜局，果敢者创造奇迹。

东汉末年，天下大乱，群雄逐鹿。官渡之战中，曹操与袁绍对峙，曹军粮草将尽，士气低迷，局势岌岌可危。此时，曹操从许攸处得知袁绍粮草囤于乌巢，他没有因兵力悬殊、敌营防备未知而犹豫，果断亲率精锐，奇袭乌巢。曹操这一果断出手，烧毁袁绍粮草辎重，随后大破袁军，为统一北方奠定了坚实基础。倘若曹操在关键时刻犹豫不决，错失奇袭良机，历史或许会被改写，北方的局势也将更加扑朔迷离。

瞻前顾后不如放手一搏，犹豫不决就是败北的序章。

淝水之战，前秦苻坚率领号称百万的大军南下，东晋岌岌可危。东晋将领谢玄奉命迎敌，面对数倍于己的敌军，他没有丝毫畏惧与迟疑。当苻坚军队稍作后退，谢玄抓住这个稍纵即逝的战机，果断下令出击大败敌军。东晋军队乘胜追击，以少胜多，创造了军事史上的奇迹。若谢玄在关键时刻瞻前顾后，不敢果断进攻，东晋恐怕早已被前秦吞并，华夏历史也将被改写。

人生没有回头路，机会也不会在原地等待。当你还在犹豫不决时，别人已经凭借果断行动抢占先机。所以，千万别再被犹豫束缚，勇敢出手，去拥抱挑战，去追逐梦想。

总之，在这个复杂多变的世界里，老实虽然常常被视为一种美德，可一味地老实，有时却会成为阻碍我们前行的枷锁；只有做到该出手时就出手，才能在人生的竞技场上抢占先机。

不与"小人"较劲，
把力气用在正道上

许多人动不动就说不要"以小人之心，度君子之腹"，这样的告诫当然不错，但是，它毕竟只是一种道德训诫，而不是生存法则。当我们涉足复杂的社会，最需要了解的是现实、是真相，而"小人"就是现实和真相中不可避免的一部分。

"小人"就像一个随时随处都可能出现的幽灵，在我们生活的空间里隐藏着。提防小人非常重要，稍有不慎，就可能给自己带来灾祸。所以，我们必须学会与各种"小人"打交道，过于单纯和老实只会让自己受到伤害。

在生活中，对于为达目的不择手段的"小人"，我们可以从其行为中分辨出来。

一般来说，"小人"具有以下特点：

（1）喜欢挑拨离间。为了达到某种目的，他们可以用离间法挑拨你和别人的关系，制造你们的不和，好从中取利。

（2）喜欢造谣生事。他们的造谣生事都另有目的，并不是以造谣生事为乐。

（3）喜欢阳奉阴违。这种行为代表了小人的行事风格，表里不一，这也是小人行径的一种。

（4）喜欢"墙头草，随风倒"，谁得势就依附谁，谁失势就抛弃谁。

（5）喜欢拍马奉承。这种人虽不一定是小人，但很容易因为受上司宠爱，而在上司面前说别人的坏话。

（6）喜欢踩着别人的肩膀往上爬。也就是利用你为其开路，而你的"牺牲"他们是不在乎的。

（7）喜欢找"替死鬼"。明明自己有错却死不承认，硬要找个人来顶罪。

（8）喜欢落井下石。只要有人摔跤，他们会追上来再补一脚。

在你迈向成功的道路上，一定要注意你身边的小人，认清小人的真面目，并妥善处理好和他们的关系。如果你在这一点上疏忽大意，没有处理好和小人的关系，就难免要吃亏。

生活中，我们总会遭遇一些"小人"，他们或许是在背后诋毁你的同事，或许是无端挑起争端的邻居，又或许是见不得你好的熟人。这些人就像暗处的荆棘，冷不丁就会刺痛你。不在这些"小人"身上浪费时间和精力，不与"小人"较劲，把力气用在正道上，才是人生的大智慧。

张大爷和邻居因为一点小事起了争执。邻居蛮不讲理，不仅抢占公共空间，还在小区里四处散布关于张大爷的不实言论。张大爷的子女们气不过，想要去找邻居理论，甚至想和邻居打官司。但张大爷拦住了他们，他说："和这种不讲道理的人纠缠，只会让我们自己心烦意乱。我们过好自己的日子，比什么都强。"于是，张大爷一家依旧正常生活，他们参加社区活动，和其他邻居友好相处，日子过得温馨又充实；而那个邻居，因为自己的无理取闹，渐渐被大家孤立。

<u>不要为打翻的牛奶哭泣，更不要为小人的恶行浪费精力。生活的美好在于我们对正道的坚守，而不是和"小人"陷入无休止的纷争。</u>

人生的精力有限，我们不能让"小人"的存在扰乱自己的节奏。

与"小人"较劲，就如同陷入泥潭，越挣扎陷得越深。把力气用在正道上，我们才能在人生的道路上越走越远、越攀越高。

生活中，若无法与小人划清界限，那么我们就要学会与小人周旋，以柔制刚。

在与小人打交道时务必考虑周全，最好不要与其发生正面冲突。论实力，小人并不强大，但他们不择手段，什么下三滥的招数都可能使出来。一旦你与他们起了冲突，纵使赢了小人，你也要付出代价；再说，和那些修养极差或别有用心的人起冲突实在是不值得。

余秋雨曾经写道："历史上许多铜铸铁浇般的政治家、军事家，最终悲怆辞世的时候，最痛恨的不是自己明确的政敌和对手，而是曾经给过自己很多逆耳的佳言和突变的脸色，最终还说不清究竟是敌人还是朋友的那些人物。处于弥留之际的政治家和军事家死不瞑目，颤动的嘴唇艰难地吐出一个词语——'小人'。"

小人用卑微的生命缠附住一个高贵的生命，高贵的生命之所以高贵，就在于受不得侮辱，然而高贵的生命不想受侮辱就得付出生命的代价；一旦付出代价后，人们才发现生命的天平严重失衡。

这种失衡又反过来在社会上普及着新的共识：与小人较劲犯不着！社会上流行的那句俗语"我惹不起，总躲得起吧"，实在是充满了无数次对抗失败后的无奈！谁都明白，这句话所说的不是躲盗贼，不是躲灾害，而是躲小人。

这里不是提倡要放纵小人的猖狂，而是说要注意与小人相处的分寸，以柔取胜，避免一些麻烦。

这也并不表明我们真的要怕小人，"邪不胜正"这句话就是历史的见证，只不过，能尽量不与小人产生直接冲突时就应尽量避免。

君子坦荡荡，小人长戚戚，这是两种截然不同的人生格局。你在无意中的一些言语或行为可能就刺痛了小人心中的某根神经，激起了他的报复之心。如果真的被小人陷害，那就起来反抗，不要害怕与他直面相对，也不要害怕被他缠上，只要行得正、站得直，不与其作无谓的消耗，那么小人轻易也奈何不了你。

一路"升级打怪"，
努力提升个人的段位

生活不是温柔乡，而是一场残酷又热血的冒险，布满了荆棘与挑战；恰似游戏里的层层关卡，若想通关，就得一路升级打怪，不断提升个人的段位。

逆袭帝王朱元璋出身赤贫，父母早亡，为求生存当过放牛娃、乞丐、和尚，生活的苦难如影随形。元末民不聊生，农民起义爆发，朱元璋抓住时机投身郭子兴义军。起初他只是无名小卒，却凭借过人的胆识和智慧，在战场上屡立战功，不断积累威望与人脉。面对陈友谅、张士诚等强劲对手，他精心布局，逐一击破。鄱阳湖一战，他以弱胜强击败陈友谅，奠定霸业根基，最终推翻元朝，建立大明王朝。

命运的低谷困不住强者，他们凭借勇气和谋略，在乱世中披荆斩棘，最终从尘埃中崛起，登上人生的巅峰。

传奇贤相管仲早年家境贫寒，与鲍叔牙合伙经商时多次亏本，求仕之路也坎坷不断。但他始终苦心钻研经世治国之术，等待时机。后来，他辅佐公子纠与公子小白争夺君位，失败后被囚。鲍叔牙向公子小白极力举荐，管仲获释并被重用。他推行改革，在经济上发展盐铁、整顿税收，军事上军政合一、强化武备，外交上"尊王攘夷"，使齐国国力大增，成为"春秋五霸"之首。

困境是强者的垫脚石，只要坚守志向与抱负，抓住机遇施展才能，终能从底层跃升至高位，成就非凡功业。

西汉军事统帅卫青本是平阳侯家的骑奴，身份卑微，常受欺辱。偶然机会，他入宫做了侍中，得到汉武帝赏识。匈奴侵扰边境，他迎来人生转折。首次出征，他率轻骑直捣匈奴祭天圣地龙城，打破匈奴不可战胜的神话。此后，他七战七捷，收复河朔、河套地区，在漠北之战中重创匈奴主力。最终，他凭借卓越军事才能，从奴隶成为威震边疆的大将军。

提升个人段位是一个持续且综合的过程，需要从知识技能、思维认知、社交等多个方面进行努力。

1. 知识技能提升

——广泛阅读

制订系统的阅读计划，涵盖不同领域的书籍，包括专业知识、历史、哲学等，拓宽知识面。如每月至少阅读两本不同类型的书籍，并做好笔记和总结。

——专业学习

明确自己的职业或兴趣方向，深入学习专业知识和技能。可以通过参加培训课程、在线学习平台等方式，不断更新知识体系，考取相关专业证书，提升在行业内的竞争力。

——实践锻炼

将所学知识运用到实际工作和生活中，通过项目实践、实习、兼职等方式，积累经验，提高解决实际问题的能力。

2. 思维认知升级

——反思复盘

定期对自己的行为、决策进行反思，分析成功和失败的原因，总结经验教训，优化自己的思维和行为模式。如每周进行一次个人复盘，每月进行一次工作或项目复盘。

——跨界学习

了解不同领域的知识和思维方式，借鉴其他行业的经验和方法，开拓创新思维。如参加跨行业的交流活动、研讨会等，与不同领域的人交流合作。

——挑战自我

主动走出舒适区，尝试新的事物和任务，接受具有挑战性的工作项目，锻炼自己的应变能力和解决复杂问题的能力。

3. 社交与人际关系拓展

——积极社交

参加行业活动、社交聚会、志愿者活动等，结识不同背景的人，扩大社交圈子，建立广泛的人际关系网络。

——向上社交

与行业内的优秀人士、前辈建立联系，向他们学习经验、请教问题，寻求指导和帮助。可以通过社交媒体、专业平台等渠道，主动与他们沟通交流。

——团队合作

积极参与团队项目，学会与不同性格、不同专业背景的人合作，提高团队协作能力和沟通能力，在团队中发挥自己的优势，同时学习他人的长处。

4. 个人品质与素养培养

——自律坚持

培养自律的习惯，制订合理的计划，并严格执行；克服拖延和懒惰，保持持续的学习和进步状态。如可以通过设定小目标，逐步养成自律的习惯。

——情绪管理

学习情绪管理的方法和技巧，提高自己的情商，能够在面对压力和挑战时保持冷静和积极的心态。如通过冥想、运动等方式缓解压力，调节情绪。

——诚信正直

树立正确的价值观，保持诚信正直的品质，在工作和生活中赢得他人的信任和尊重，建立良好的个人品牌。

生活这场游戏，不会因为你的弱小就降低难度，也不会因为你的胆怯就停止挑战；只有一路"升级打怪"，努力提升个人的段位，才能在人生的舞台上大放异彩。记住，**每一次挑战都是成长的契机，每一次突破都是段位的提升**。勇敢踏上升级之路，才能向着更高的人生段位进发。

告别死板，
秉持灵活处世哲学

打破刻板枷锁，才能拥抱灵动人生。

在生活这场复杂多变的棋局里，有人抱着一成不变的死板思维，步步受限，最终困于僵局；而有人早早领悟灵活处世的哲学，落子如飞，巧妙化解危机，收获满盘生机。

拿职场来说，小周和小陈同时进入一家广告公司做策划。一次，公司接到一个为知名运动品牌设计新品推广方案的紧急任务。小周秉持一贯的"标准流程"，从市场调研、竞品分析，到创意构思，严格按照过往模板推进，丝毫不敢越雷池一步。

可当他还在按部就班地完成前期工作时，小陈已经行动起来。小陈发现这次新品针对的是年轻极限运动爱好者，常规的调研方式难以快速获取有效信息。于是，他打破常规，迅速在社交媒体上发起话题讨论，吸引目标群体参与，仅用一天就收集到大量一手反馈。在创意构思阶段，他也不拘泥于传统广告形式，提出与知名极限运动博主合作，拍摄极限运动场景下的产品展示视频，融入潮流音乐与酷炫特效，瞬间抓住年轻人眼球。最终，小陈的方案脱颖而出，成功拿下项目，还赢得客户长期合作意向。

职场从不是刻板的流水线，墨守成规终将错失机遇，唯有通权达变方能开启晋升通道。

小李和小张同期进入一家公司。小李能力出众，专业技术过硬，可为人处世太过直接。在一次项目讨论会上，领导提出一个方案，小李觉得有漏洞，当场就毫不留情地指出，言辞激烈，甚至让领导下不来台。此后，他在工作中依旧我行我素，不考虑同事感受，对别人的建议嗤之以鼻。渐渐地，同事们都对他敬而远之，领导也不再委以重任，晋升更是与他无缘。

反观小张，同样有能力，却十分懂得处世之道。当他发现领导方案存在问题时，会后私下找领导沟通，委婉地提出自己的想法，还将功劳归于领导的启发。在团队合作中，他积极倾听同事意见，即便不同意，也会以商量的口吻表达自己观点，主动配合他人工作。久而久之，小张赢得了领导信任和同事喜爱，在公司里如鱼得水，很快就获得晋升机会。

生活中的人际交往，同样需要灵活处世。

在人际交往过程中，太过刚硬、锋芒毕露之人，往往四处碰壁，难以融入群体；而懂得灵活变通、处世圆融之人，则在人际场中长袖善舞，左右逢源，建立起和谐融洽的社交关系。

老王是个热心肠，但为人过于死板。邻居小李想请他帮忙参谋装修方案，老王一上来就滔滔不绝地讲自己当年装修的经验，完全不顾小李喜欢简约现代风，而他自家装的是中式古典风。不管小李怎么暗示，老王都沉浸在自己的思路里，坚持让小李照搬他的做法，结果闹得双方都不愉快。

反观老张，同样面对小李的咨询，他先耐心询问小李的喜好、预算和生活习惯，再结合自己的经验给出建议，还帮忙联系靠谱的装修队和材料商。一来二去，老张不仅帮小李解决了装修难题，两人关系也愈发亲近。

生活里邻里相处也是如此。

老王家和老李家是多年邻居，两家中间有块公共空地。老王想在空地上种些花，老李却打算用来放杂物，两人互不相让，为此大吵一架，关系变得十分紧张。后来，社区组织邻里活动，老王意识到邻里关系的重要性。他主动找到老李，笑着说："咱们两家都有需求，要不这样，我在空地一边种花，留出另一边给你放杂物，以后你要用整块地，提前跟我说一声就行。"老李听后，也觉得自己之前太固执，爽快答应。此后，两家不仅冰释前嫌，关系还越来越好，互帮互助，成了小区里的模范邻居。

人际交往没有固定公式，不懂灵活变通，真诚也会变成冒犯；换位思考、随机应变，才能收获真心。

想要把灵活处世与谋略运用融入日常生活，关键在于日常点滴的思维转变与行动实践，从待人接物、处理事务等方面入手，培养随机应变与巧妙规划的能力。

——日常交流

在聊天时，根据对方的性格、情绪调整沟通方式。面对开朗的朋友，交流轻松直接；与心思细腻的人交谈，言辞更委婉温和，避免因言语不当引发矛盾。

——化解矛盾

和家人或朋友产生分歧，不要强硬争辩，先倾听对方想法，再委婉表达自己观点，寻求双方都能接受的解决方案。比如讨论旅游目的地，要尊重家人或朋友的喜好，提出折中的方案。

——时间管理

合理安排事务，制订每日计划，按重要性和紧急程度排序，先完成重要紧急任务，如工作汇报；再处理重要不紧急的事，如学习提升，避免被琐事打乱节奏。

——解决问题

遇到难题，要多角度思考。如车在路上抛锚，除联系救援，还可向周围人求助，利用社交媒体获取附近维修店信息，灵活应对突发状况。

——人脉经营

主动维护人际关系，记住朋友生日、重要纪念日，适时送上祝福；参加社交活动，主动结识新朋友，拓展人脉，为自己创造更多机会。

在瞬息万变的时代，固执己见如同身负枷锁前行，灵活处世才是破局之钥。别让刻板思维束缚你的视野，以灵动之心应对生活，方能在这变革的洪流中把握航向。

学会好好说话，避免激化矛盾

在人与人的交往中，不善言辞或言语不当，就会处处碰壁；而掌握语言艺术，则会让沟通畅行无阻。

在生活的舞台上，矛盾冲突如同暗礁，稍不留意就会让人际关系的航船触礁沉没；而好好说话，就如那精准的导航仪，能让我们巧妙避开暗礁，平稳前行。可惜，很多人总在情绪上头时，任由言语的利刃伤人，让简单的矛盾不断激化。

小王和小李就因为不会好好说话，让一次普通的工作交流演变成激烈冲突。

两人负责同一个项目，在讨论方案时，小王提出自己的想法，小李却立刻反驳："你这想法太幼稚了，完全不切实际，一看就没考虑过实际执行难度。"

这话一出，小王瞬间火冒三丈，他觉得自己的努力被全盘否定，也不甘示弱地回怼："你行你上啊，光知道挑刺，有本事拿出更好的方案！"

原本正常的讨论就此变成互相攻击，工作进度停滞不前，两人关系也降至冰点。

其实，小李若能好好说话，换种方式表达："你的想法挺有创意，不过我觉得在执行上可能会遇到一些困难，比如资源调配和时间安排，我们一起再琢磨琢磨，看看怎么优化。"这样既能指出问题，又显得尊重对方，矛盾自然不会激化。

良言一句三冬暖，恶语伤人六月寒。在职场，言语是合作的桥梁，也是冲突的导火索，好好说话，才能搭建起高效协作的平台。

在日常家庭沟通中，语言艺术也至关重要。

小张和父母因为生活习惯产生分歧，父母希望他早睡早起，可他总喜欢熬夜。以前，他会直接跟父母说："你们别管我，我就喜欢晚上做事，白天没精神。"这让父母很伤心，双方矛盾也越来越大。

后来，他意识到自己的问题，换了种方式沟通："爸、妈，我知道你们是为我好，担心我熬夜伤身体。但我晚上效率高，很多工作和学习任务都是晚上完成的。我以后会尽量调整，保证每天有充足睡眠，你们别太担心啦。"父母听后，理解了他的想法，也不再强硬要求了。

家庭矛盾不是无解的难题，恶语相向只会加深隔阂，用温暖的语言表达，才能化解矛盾，维系亲情。

邻里之间，也可能因为言语冲突让关系恶化。

老张和邻居因为楼道杂物堆放问题起了争执，老张直接开骂："你们怎么这么没素质？公共楼道堆满东西，万一着火了怎么办？"邻居一听，也火了，双方互不相让。

其实老张若能好好沟通，说："咱们楼道堆了这么多东西，出行不太方便，也有安全隐患，要不一起清理下，大家住着也舒心。"温和的话语，更易让邻居接受，问题也能迎刃而解。

邻里之间，低头不见抬头见，言语是相处的润滑剂，好好说话，才能处处充满温情。

好好说话，需要掌握一定的方法和技巧，以下是一些建议：

1. 控制情绪

——冷静片刻

在面临可能引发矛盾的场景时，先让自己冷静几秒钟，可在心里默数数字，给情绪降降温，避免冲动之下说出伤人的话。

——深呼吸

通过深呼吸来调节身体状态，使自己放松下来，为理性表达创造条件。

2. 注意表达

——使用温和的语言

避免使用绝对化、攻击性的词汇，如"总是""从不""你必须"等，改用"有时候""可能""我希望"等相对温和的表述。

——选择合适的语气

同样的话用不同语气说出来效果大不相同，尽量使用平和、诚恳的语气，避免语气生硬、冷漠或嘲讽。

——清晰表达观点

说话前整理好思路，清晰、有条理地表达自己的想法和需求，避免模糊不清或模棱两可，让对方准确理解你的意图，减少误会。

3. 学会倾听

——给予关注

停下手中的事情，眼神专注地看着对方，用肢体语言和表情表示你在认真倾听，让对方感受到被尊重。

——不随意打断

在对方说话时，不要急于打断或反驳，耐心听完对方的观点和想法。这不仅是一种礼貌，还能让你更全面地了解情况。

——适当反馈

适时点头、给出回应，如"嗯""我明白"等；还可在对方讲完后，用自己的话简要复述对方的观点，确认理解是否正确。

4. 尊重理解

——尊重对方观点

即使你不同意对方的观点，也不要立刻否定，要尊重对方表达的权利，承认其观点存在的合理性，站在对方角度思考问题。

——表达理解

用语言表达对对方的理解和感受，如"我能理解你为什么会这么想""我知道你可能有自己的难处"等，拉近与对方的距离，为沟通营造良好氛围。

语言是一把双刃剑，既能温暖人心，也能伤人至深。在矛盾萌芽时，多一份冷静，多一些理解，好好说话，就能避免矛盾激化，让生活充满和谐与美好。

历史的阳谋：
洞察权谋背后的生存智慧

在历史的长河中，阳谋如同棋局中的妙招，虽无刀光剑影，却能在规则框架间改变王朝的兴衰轨迹、左右人物的命运沉浮。它们堂而皇之地摆在对手面前，却让对手明知是局，也无力反抗。

1. 推恩令：不战而溃诸侯之兵

西汉初期，诸侯势力日渐膨胀，严重威胁中央集权。汉武帝推行"推恩令"，下令各诸侯将封地分给所有子弟，不再只由嫡长子继承。这一阳谋直击诸侯要害，诸侯们若拒绝，便是违背皇帝旨意，背上不臣之名，还可能引发内部纷争；若接受，几代之后，庞大的封国便会被分割得七零八落，实力锐减。诸侯们明知这是削弱自身的计策，却毫无还手之力。

阳谋的高明之处，在于以堂皇之名，行致命一击，让对手在道德与利益的漩涡中，无从挣脱。

推恩令施行后，诸侯国对中央的威胁大大降低，汉武帝借此加强了中央集权，稳固了统治根基。

2. 围魏救赵：避实击虚的战略典范

战国时期，魏国攻打赵国，赵国向齐国求救。齐国军师孙膑没有直接派兵救援赵国，而是率军直捣魏国都城大梁。魏国精锐部队都在攻打赵国，国内空虚，庞涓无奈只能回师救援。孙膑在桂陵设下埋伏，以逸待劳，大败魏军。

孙膑用这一阳谋将战场主动权牢牢掌握在自己手中，让魏国陷入两难境地。

战场上，正面硬刚往往损耗巨大，巧妙迂回，直击要害，方能以最小代价换取最大胜利。围魏救赵这一策略，不仅解救了赵国之围，还让齐国在战国纷争中崭露头角，展现出阳谋在军事领域的强大威力。

3. 挟天子以令诸侯：借正统之名谋天下

东汉末年，天下大乱，曹操迎汉献帝至许昌，开启了"挟天子以令诸侯"的战略布局。他以天子名义发号施令，占据了政治上的制高点。诸侯们虽心知曹操心怀不轨，但面对皇帝诏令，若公然违抗，便会被视为逆臣，遭到天下人唾弃。就像袁绍虽实力强大，却因拒绝迎接汉献帝，在政治上陷入被动。而曹操凭借这一阳谋，不断扩充势力，逐步统一北方。

乱世之中，名正方能言顺。借正统之名，行崛起之事，这一阳谋让曹操在群雄逐鹿中脱颖而出，成为一代枭雄。

4. 杯酒释兵权：兵不血刃解除兵权

宋太祖赵匡胤登基后，时常担心武将篡权。建隆二年（公元961年）七月的一天，赵匡胤召集石守信、王审琦等高级将领设宴饮酒。酒至半酣，赵匡胤屏退侍从，感慨地说自己虽为皇帝，却不如做节度使时快乐，日夜难安。众将忙问原因，赵匡胤说："皇帝这个位子，谁不想坐呢？"众将听出话外之音，纷纷表示自己的忠诚。

赵匡胤又说："你们虽无异心，但难保部下不贪图富贵，把黄袍加在你们身上。"将领们惊恐万分，纷纷请求赵匡胤指示生路。赵匡胤便建议他们交出兵权，多置良田美宅，安享富贵，君臣之间也能免生猜疑。

第二天，石守信等人纷纷称病，请求解除兵权，赵匡胤欣然同意，任命他们为地方节度使等虚职，剥夺了他们的兵权。

对于领导者来说，解决问题不一定要采取强硬手段，以温和的方式，通过利益诱导和心理施压，也能达到目的，实现平稳过渡。

这些历史阳谋，跨越千年岁月，依旧散发着智慧的光芒。它们告诉我们，无论是政治博弈、军事对抗还是生活中的竞争，力量并非取胜的唯一关键，洞悉人心、把握局势，以光明正大的策略布局，也能在复杂的环境中占据主动，成就非凡功业。

锤炼阳谋思维，掌控人生棋局

在生活这场没有硝烟的持久战中，阳谋思维犹如我们手中的利刃，能助我们斩断荆棘，开辟出成功之路。它不像阴谋诡计的阴暗盘算，而是基于对人性、局势的深刻洞察，光明正大地布局，让对手即便知晓，也无力招架。

阳谋思维，是对对手脉搏的精准把握，以大势为棋，让对手在既定棋局中难以突围。

小李所在团队接到一个重要项目，大家都想表现自己，竞争激烈。同事小王擅长暗中使绊，经常打压他人凸显自己；小李却反其道而行之，运用阳谋思维制胜。

项目筹备阶段，小李主动组织团队会议，分享自己收集的资料和初步思路，鼓励大家各抒己见，充分激发团队成员的积极性。在项目执行过程中，他公开透明地汇报工作进展，及时肯定团队成员的贡献，将团队凝聚力发挥到极致。

面对小王的小动作，他不与之计较，而是专注于提升项目质量。最终，项目圆满完成，小李凭借出色的领导能力和团队协作精神，赢得领导和同事的一致认可，晋升机会也随之而来。

职场不是阴暗的角斗场，阳谋思维可以让你以光明磊落的行动，汇聚人心，成就自我；那些耍小聪明的人，终会被自己的狭隘所困。

锻造阳谋思维，核心在于提升认知、洞察本质，从不同维度增强思维能力，可以从培养宏观视野、把握人性规律、强化逻辑分析等方面着手：

——培养宏观视野

关注时事热点，阅读历史、政治、经济等领域书籍。如《资治通鉴》中就记载了众多历史大事，能帮我们看清事物发展规律，跳出眼前局限，制订长远规划。

——洞察人性弱点

人性复杂，可以学习一下心理学知识，分析不同场景下人的行为动机。比如在商业谈判中，洞察对方过度自信或急于求成等弱点，巧妙设置谈判节奏和条件，引导对方达成对己方有利的合作。

——提升逻辑思维能力

做逻辑推理题、分析复杂案例，锻炼逻辑思维。遇到问题，从多方面分析，梳理因果关系，制订合理策略。

——增强应变能力

模拟突发状况，思考应对方法，积累经验。比如企业面临市场突变，需要快速调整生产、销售策略，抓住新机遇。

——广纳多元意见

与不同背景的人交流，参加研讨会，听取不同观点，拓宽思维视野。如创业团队需要吸纳来自技术、营销、管理等不同领域的建议，完善产品和运营方案。

总之，锻造阳谋思维，需要我们践行上述培养方法，跳出眼前局限，站在更高维度审视全局。这要求我们敢于打破常规，以开放心态迎接挑战，用真诚和智慧赢得人心。

在这个充满变数的世界里，掌握阳谋思维，能够让我们在人生的棋局中从容落子，掌控全局。

阳谋实战指南：
于明处布局，从暗中着力

在人生的复杂棋局中，阳谋是一种以光明手段达成目标的智慧。阴谋是躲在暗处的冷箭，虽能伤人一时，却见不得光；阳谋则是于明处布局，从暗中着力，让对手明知是局，却无力挣脱，这才是真正的大智大勇。

真正的阳谋，是基于对人性、局势的深刻洞察，以堂堂正正之法，赢得光明磊落。

战国时期，商鞅变法时实施了"徙木立信"之举。他在城南立一根木头，宣称谁能将木头搬到城北，就赏十金。起初百姓不信，商鞅将赏金加到五十金，终于有人尝试，成功后商鞅立刻兑现承诺。这一阳谋，利用百姓渴望获利的心理，短短数日，便树立起官府的公信力，为后续变法扫除信任障碍。

秦末，刘邦攻入咸阳后，与百姓约法三章："杀人者死，伤人及盗抵罪。"这一举措堪称精确布局，他利用百姓渴望安稳生活、厌恶苛法的心理，迅速赢得了民心。与此同时，刘邦整顿军队纪律，约束士兵行为，不扰百姓。看似简单的约法三章，背后是刘邦对局势和人心的精准把握。百姓本就苦于秦朝苛政，刘邦此举让他们看到希望，自然纷纷拥护。项羽虽兵力强大，但在人心争夺上，刘邦凭借这一阳谋先下一城，为日后楚汉相争奠定了基础。

在商业竞争中，需求是导向，实力是支撑；明处展示价值，暗处夯实品质，阳谋之下，市场尽在掌握。

在产品推广中，以用户需求为核心，打造独特卖点，是屡试不爽的阳谋。一家智能穿戴设备公司，在新品发布前，通过市场调研，了解到用户对运动数据精准监测和长续航有强烈需求。于是，公司在产品宣传上，明明白白地将这些优势展示出来，这是明处布局；而在暗处，公司投入大量研发精力，优化传感器算法，提升电池续航能力，确保产品性能过硬。消费者看到产品优势后，纷纷购买，产品一经推出便大获成功。

在商业谈判中，洞察对方需求，抛出互利共赢的方案，也是常见的阳谋。比如一家科技公司与供应商谈判新合作，了解到供应商想拓展市场，科技公司便提出联合推广计划，将自身市场渠道与供应商资源对接，让对方看到合作能带来的巨大利益，谈判自然顺利推进。

洞悉对方需求，以互利为导向，用光明正大的方式让他人主动配合，心甘情愿地支持你。

企业面临危机时，公开透明信息也是有力的阳谋。某食品企业被曝光产品质量问题，没有选择隐瞒或推诿，而是第一时间发布公告，承认问题，详细说明问题原因、整改措施以及召回计划，全程接受媒体和消费者监督。这看似将"丑事"公之于众，实则掌握舆论主导权，展现负责任的态度。消费者看到企业的诚意，信任自然很容易重建。

在团队协作中，信息共享也至关重要。项目负责人定期召开进度会议，公开工作进展、问题与解决方案，让成员清楚全局，避免猜忌内耗，会大大提升团队效率。

在信息时代，隐瞒只会滋生怀疑，公开透明才是最好的危机公关，也是凝聚团队的黏合剂。

阳谋的精髓，在于以正大光明的策略，驾驭人性与局势，让对手在清晰的棋局中甘拜下风。

洞察对手策略，知己知彼方能胜

在生活的竞技场上，无论是商业交锋、学术比拼还是体育较量，盲目冲锋注定难成大器；唯有精准洞察对手策略，做到知己知彼，才能抢占先机，稳操胜券。

商场如战场，不了解对手的破绽，可能就找不到自己的出路。

百事可乐与可口可乐的百年较量扣人心弦。起初，可口可乐凭借先发优势，长期占据市场主导地位。百事可乐没有盲目跟风，而是深入调研对手策略。他们发现可口可乐主打经典、传统形象，受众以中老年人为主。于是，百事可乐剑走偏锋，将目标瞄准年轻群体，提出"新一代的选择"口号，包装设计更时尚潮流，广告宣传也聚焦年轻人喜爱的音乐、体育等元素，大打青春牌。通过精准洞察对手并制定差异化策略，百事可乐成功在市场中分得一杯羹，与可口可乐形成分庭抗礼之势。

在体育竞技中，了解对手是制胜的前提，知己知彼，更能在赛场上挥洒自如。

体育赛场上，林丹与李宗伟的羽坛对决堪称经典。每次大赛前，林丹团队都会全方位研究李宗伟的技术特点和战术习惯。李宗伟擅长拉吊突击，进攻犀利，防守也十分顽强。针对这些，林丹在训练中强化自己的网前小球技术，增加回球的变化，打乱李宗伟的进攻节奏；同时加强体能训练，提升持久战能力，以应对李宗伟的顽强防守。比赛中，林丹凭借对对手的深入了解，灵活运用战术，多次战胜李宗伟。

职场竞聘也是如此。职场竞争不是盲目地表现自我，洞察对手的短板，凸显自己的长处，才能脱颖而出。

小张和小王同时竞争公司的一个重要岗位。小张在准备过程中，不仅提升自身业务能力，还悄悄观察小王的优势与不足。他发现小王擅长数据分析，但在项目管理经验上稍显欠缺。于是，小张在竞聘时着重展示自己丰富的项目管理成果，并将数据分析与项目管理相结合，提出更全面的工作方案。最终，小张成功竞聘上岗。

而在商战中，要洞察对手策略，做到知己知彼，可从以下几方面入手：

1. 收集公开信息

——研究资料

通过对手的官方网站、宣传资料、产品手册等渠道，了解其产品特点、服务内容、市场定位等信息。如一家手机厂商可通过对手官网获取其新款手机参数、功能亮点等，评估其竞争力。

——关注媒体报道

通过新闻媒体、行业杂志、社交媒体等，关注对手的动态，包括新品发布、业务拓展、合作项目等。例如科技媒体对某芯片企业的报道，可能会在无意间透露其技术研发方向。

——分析财报数据

上市公司财报能反映其财务状况、营收构成、市场份额变化等，可据以分析对手经营策略和业绩趋势。

2. 深入市场调研

——观察市场行为

关注对手的市场推广活动、促销策略、渠道布局等。如饮料企业通过观察竞品在超市的陈列位置、促销力度，从而判断其市场策略。

——研究用户反馈

　　收集对手产品的用户评价、投诉信息等，了解其优缺点及用户需求满足情况。这些可通过电商平台评论、专业论坛等渠道获取，有助于自身产品改进和制订竞争策略。

　　——开展问卷调查

　　针对目标市场和用户，设计问卷了解用户对对手品牌、产品的认知、态度和使用习惯等，从中获取有价值信息。

3. 剖析对手团队

　　——了解核心人员

　　研究对手管理层、研发团队、营销骨干等核心人员的背景、经验、专业领域等，推测其战略方向和决策风格。如发现对手研发团队多为人工智能领域专家，推断出对手可能会加大相关技术研发投入。

　　——分析人才流动

　　关注对手的人才招聘和离职情况，如其招聘新领域人才可能意味着业务拓展，而关键人才离职可能影响其业务发展。

4. 进行自身复盘

　　——评估自身优势

　　全面梳理自身资源、技术、品牌、渠道等方面的优势，明确在市场中的定位和竞争力，以便针对性地应对对手策略。

　　——反思过往案例

　　回顾与对手竞争的案例，分析成功经验和失败教训，总结对手常用策略及应对效果，为未来竞争提供参考。

　　生活中，不打无准备之仗，而了解对手就是最好的准备。放下盲目自信，深入剖析对手策略，以己之长攻彼之短，方能在人生的博弈中占得先机，收获胜利的果实。

第八章
秉持"草根精神"躬身入局,开启未来无限可能之门

里希特说:"苦难犹如乌云,远望去但见墨黑一片,然而身临其下时不过是灰色而已。"

没有华丽开场,没有雄厚背景,也能凭借"草根精神",一步一个脚印地登上人生舞台。这种坚韧不拔的力量,将帮助我们释放潜能,开创无限可能。

探寻"草根精神"的力量源泉，挖掘逆袭崛起的密码

在时代的宏大叙事里，"草根精神"宛如一股暗流，看似弱小，却蕴含着改天换地的磅礴力量。它源自平凡，却能铸就非凡。

在这个看似被既定规则与阶层固化层层包裹的世界里，"草根精神"宛如一道划破暗夜的闪电，撕开平庸与绝望的幕布，为无数出身平凡的人照亮逆袭崛起的征途。它绝非简单的一腔热血，而是蕴含着无尽力量与深邃内涵的精神密码。

"草根精神"的力量，源自对命运不公的无畏抗争。

著名篮球运动员林书豪，一开始在 NBA 选秀中无人问津，多次被球队下放至发展联盟，可他从未被现实打倒。每次跌倒，他都迅速爬起，用更刻苦的训练回击质疑。在"林疯狂"时期（指2012年），他在赛场上大放异彩，曾单场砍下 38 分击败科比。

林书豪清楚，出身平凡、不被看好是他的困境，但抗争精神是他的利刃。**命运给你一个比别人低的起点，是想让你用一生去演绎绝地反击的故事。**这种对命运的抗争，让他突破重重阻碍，在篮球界留下属于自己的传奇。

对梦想的执着坚守，是"草根精神"的内核。

周星驰出身贫寒，跑了多年龙套，在 TVB 剧集里演着连名字都没有的小角色。但他心中的电影梦从未熄灭，不管条件多么艰苦，都在不断钻研表演技巧，观察生活细节，为角色注入灵魂。从《喜剧之王》里执着的尹天仇，到《功夫》里独树一帜的无厘头风格，周星驰用作品证明了坚守梦想的力量。

梦想，是身处泥泞时望向星空的双眼，是在黑暗中支撑前行的信念。周星驰没有因出身低微而放弃梦想，反而凭借这份坚守，从籍籍无名的草根成为华语影坛的喜剧大师。

"草根精神"还体现在对机会的敏锐捕捉与果断把握。电商巨

头黄峥创立拼多多时，电商市场已被巨头瓜分，看似毫无机会。但黄峥敏锐察觉到下沉市场需求，果断推出创新拼团模式，以低价好物迅速打开市场。创业初期困难重重，供应链管理混乱、信任危机频发，可他没有退缩，带领团队日夜攻关，优化供应链，推出百亿补贴，让拼多多成功上市，成为电商界不可忽视的力量。

机会总是垂青有准备且果敢的人，当它出现时，犹豫就是放弃。黄峥作为草根创业者，凭借对机会的把握和无畏勇气，实现了商业逆袭。

在生活的舞台上，"草根精神"是平凡人最有力的武器。它无关出身、财富与地位，只关乎一颗不甘平凡、勇于抗争、执着追梦、果断出击的心。拥有"草根精神"，即便身处社会底层，也能打破阶层桎梏，实现人生逆袭。因为，真正决定人生高度的，不是起点，而是那颗怀揣"草根精神"、不断向上的心。

"草根精神"，是身处底层却不甘平凡的倔强，是面对困境百折不挠的坚韧，是一无所有却敢为梦想拼搏的勇气。它让平凡人打破阶层的天花板，用奋斗改写命运，诠释生命的无限可能。

起点低并不可怕，可怕的是失去追求非凡的勇气。那些从平凡起步踏上非凡旅程的人，用他们的经历告诉我们：只要心怀梦想，勇往直前，就能跨越重重障碍，让平凡绽放出最耀眼的光芒。

于"草台"般混乱环境中，实现从 0 到 1 的突破

在这个风云变幻的时代，不确定性如影随形，混乱仿佛成为常态。但真正的强者，总能在这看似毫无头绪的环境中，撕开一道口子，实现从 0 到 1 的突破，开辟出全新天地。

DeepSeek 的崛起历程，**堪称一部激昂的逆袭传奇，蕴藏着破局新生的关键密码。**

在科技浪潮奔涌的时代，大模型领域恰似一片硝烟弥漫的战场，

巨头林立，竞争白热化，新入局者想要崭露头角，难如登天。但DeepSeek却如一匹黑马，从看似毫无生机的缝隙中强势突围，实现从默默无闻到震惊全球的华丽转身。

  DeepSeek成立于2023年，彼时大语言模型赛道已被OpenAI、谷歌等国际巨头瓜分，国内也不乏实力强劲的选手。在这场看似已成定局的竞赛中，DeepSeek没有被强大的对手吓倒，而是冷静分析局势，精准洞察到行业痛点——高昂的训练成本与复杂的技术门槛，阻碍了大模型的广泛应用与快速发展。于是，它剑走偏锋，果断将"低成本、高性能"作为核心突破点，开启了破局之路。这一决策，犹如在混沌中找到了那一丝曙光，不仅彰显了其对行业趋势的深刻把握，更体现出对自身实力的坚定自信。

  确定方向后，DeepSeek在暗处默默发力。研发团队汇聚顶尖人才，日夜攻坚，不断优化算法，探索创新的训练方式。面对技术瓶颈，他们没有丝毫退缩，而是以顽强的毅力和卓越的智慧，逐个击破。在硬件资源受限的情况下，通过巧妙的架构设计和资源调配，实现了高效的模型训练。同时，DeepSeek极为重视数据质量，精心筛选和标注海量数据，为模型的强大性能奠定坚实基础。这种对技术的执着追求和对细节的极致把控，是其崛起的关键力量。

  成功没有捷径，每一次突破都源自无数个日夜的坚守与付出。

  当你站在技术的前沿，分享成果便是汇聚力量，让星星之火成燎原之势。

  2024年末至2025年初，DeepSeek厚积薄发，接连推出一系列惊艳全球的大模型，如DeepSeek-R1。该模型在数学、代码和自然语言推理等复杂任务上表现卓越，可与OpenAI的GPT-4o和o1相媲美，而其训练成本却大幅降低。DeepSeek-R1一经推出，迅速在全球范围内引发关注与热议。

  DeepSeek-R1不仅在技术上实现了突破，还以开源的姿态降低了AI应用的门槛，吸引了大量开发者参与，构建起繁荣的生态系统。

  酒香也怕巷子深，在信息爆炸的时代，有效的传播是让实力被看见的桥梁。

  DeepSeek的成功，还得益于其对市场的敏锐洞察和精准营销。

在产品推广上，它充分利用社交媒体、技术论坛等平台，与用户和开发者保持紧密互动，及时收集反馈，不断优化产品；通过举办线上竞赛、技术交流活动等，提升品牌知名度和影响力，让 DeepSeek 的名字迅速传遍全球。

从 DeepSeek 的崛起可以看出，在看似绝望的困境中，只要保持敏锐的洞察力，敢于创新，勇于坚持，就能找到破局的关键。无论是商业竞争还是个人发展，都不应被眼前的困难和强大的对手吓倒，而要像 DeepSeek 一样，**于无声处听惊雷，在绝境中寻生机**。因为，真正的强者，总能在混沌中开辟出属于自己的光明大道。

生活从不会因为你的胆怯而变得简单，也不会因为前路混沌就停下制造困难的脚步。在看似混乱和不确定的环境中，只要拥有坚定的信念、敏锐的洞察力、无畏的勇气以及不懈的努力，就一定能实现从 0 到 1 的突破，开辟出属于自己的成功之路。

混乱与不确定绝非绝境，而是孕育创新的土壤。当多数人被迷雾吓倒，少数勇敢者却能在其中找到破局之道，实现从 0 到 1 的飞跃，成为时代的弄潮儿。

打破完美主义神话，注重实际行动和结果

在人生的赛道上，完美主义宛如一座看似华丽却实则虚幻的城堡，无数人困于其中，痴迷于打造毫无瑕疵的蓝图，却忘了迈出关键的行动步伐，最终与成功失之交臂。唯有放下对完美的执念，聚焦实际行动和结果，才能在现实的土地上，收获真正的成长与成就。

<u>完美主义是个诱人却致命的陷阱，它会让我们沉溺于不切实际的理想，从而忽略了实际行动和结果才是通往成功的唯一途径。</u>

职场中，小李就是一个典型的完美主义者。领导安排他负责一个重要项目的策划方案，他一心想要做到尽善尽美，花费大量时间查阅资料、参考案例，反复修改细节，从方案的格式字体，到每一

个数据的出处，都力求精准无误。他觉得只有这样，才能让领导和同事眼前一亮。然而，时间在他的精雕细琢中悄然流逝，项目截止日期越来越近，他却还在为一些无关紧要的细节而纠结。最终，方案虽然看似完美无缺，但提交时已经错过了最佳时机，项目进度也因此被延误。

追求完美就像追逐天边的彩虹，看似绚丽，却遥不可及，还会让你迷失在当下的道路上。如果小李能在保证方案基本质量的前提下，先完成再优化，就能按时提交方案，为项目争取更多的时间和机会。

张一鸣的做法则与完美主义背道而驰，为我们树立了正确的榜样。字节跳动在开发产品时，秉持着"快速迭代"的理念，不追求一开始就打造出完美无缺的产品。以抖音为例，最初的抖音功能并不复杂，界面也相对简洁，但字节跳动团队迅速将其推向市场，收集用户反馈。根据用户的需求和建议，他们不断优化算法、增加功能，让抖音从一个简单的短视频应用，逐步发展成为风靡全球的现象级产品。

先开枪，再瞄准，在行动中调整方向，远比一味追求极致的完美更快接近成功。

张一鸣深知，市场变化迅速，只有先行动起来，才能抢占市场先机，然后在实践中从容改进，不断满足用户需求。

生活中，我们常常因为害怕犯错、担心各种不完美而不敢迈出第一步。但我们必须明白，完美主义只是理想化的执念，唯有行动才能让理想照进现实。不要让对完美的追求成为我们前进的阻碍，勇敢地迈出第一步，在行动中不断调整和完善，才能收获实实在在的结果。记住，"千里之行，始于足下"，只有行动起来，才能打破完美主义的神话，走向成功的彼岸。

人生没有回头路，也没有绝对的完美，要放下对完美的执念，用实际行动书写奋斗篇章，用成果实现自我价值。只有这样，我们才能在有限的时间里，创造出无限的可能。

摸着石头过河，
灵活应对意外情况

在生活的长河中，前路并非总是清晰可辨，更多时候，我们需要像"摸着石头过河"一样，在未知中摸索前行，随机应变，灵活应对层出不穷的意外情况。

在时代变革的浪潮里，没有既定航线，唯有摸着石头过河，以灵活之姿应对意外，方能在未知中开辟出繁荣发展的航道。

改革开放初期，中国经济发展面临诸多挑战，没有现成的模式可以照搬，前路迷雾重重。但决策者们没有畏缩，毅然选择"摸着石头过河"。

深圳作为经济特区的试验田，从一个小渔村起步，在土地制度、企业管理、人才引进等方面大胆尝试。一开始，吸引外资困难重重，基础设施落后，人们对市场经济的理解也十分有限。但深圳没有被这些困难阻碍，不断调整策略，推出一系列优惠政策吸引外资，大力发展制造业。当遇到环境污染、产业结构单一等新问题时，又迅速转型，发展高新技术产业。如今，深圳已成为国际化大都市，在科技创新、金融服务等领域成就斐然。

创业是一场未知的冒险，意外是常态，摸着石头过河，意味着在困境中迅速调整策略，在挫折中找到出路，全力在商业浪潮中站稳脚跟。

创业领域，许多创业者都在践行这一理念。比如共享单车的创业团队，项目启动时，初衷是解决城市短途出行"最后一公里"问题。但在实际运营中，意外状况接踵而至：投放车辆被随意停放、损坏，甚至丢失，还面临着城市管理部门的监管难题。面对这些问题，团队没有慌乱，而是迅速采取措施，利用GPS定位技术规范停车区域，加强车辆维护管理，积极与政府部门沟通合作，制订合理的运营规则。尽管共享单车行业经历起伏，但这种灵活应变的精神，让企业在复杂的市场环境中不断调整，努力寻求生存与发展的机会。

体育赛事也是如此。赛场上，计划赶不上变化，意外随时可能改变局势。唯有像摸着石头过河般灵活变通，才能在瞬息万变中掌握主动，赢得胜利。

在一场足球比赛中，A队原本计划按照既定战术展开进攻，可开场不久，主力球员受伤下场，打乱了整个节奏。教练没有拘泥于原计划，果断换上替补球员，调整战术，从主攻转为防守反击。球员们也迅速适应新战术，灵活应对场上变化。最终，A队不仅守住了比分，还抓住对方防守漏洞，成功逆袭。

遇到突发或意外情况，可以灵活采取以下应对方法：

1. 保持冷静

——心理暗示

遇到意外时，可在内心默默告诉自己"冷静下来，我能处理"，避免过度紧张导致思维混乱。如开车时突遇爆胎，先深呼吸，告诉自己别慌，才能更好地采取应对措施。

——情绪管理

通过冥想、运动等日常训练提升情绪管理能力，让自己在意外来临时能迅速恢复平静。比如面试时突然忘词，有情绪管理能力的人能更快镇定下来，继续回答。

2. 快速评估

——分析状况

迅速判断意外的性质、影响范围和可能的发展趋势。如工作汇报时设备突然故障，要马上判断是软件还是硬件问题，能否短时间修复。

——确定重点

明确哪些问题需优先解决，哪些可稍后处理。如家里突发火灾，先确保人员安全撤离，再考虑财产损失。

3. 运用经验和知识

——过往经验

回忆类似情况的处理方法，加以灵活运用。如曾处理过项目中的突发技术问题，当再次遇到类似问题时就有经验可循。

——知识储备

平时多学习不同领域知识，像急救知识、法律常识等，以便在意外发生时能有效应对。如有人意外受伤，掌握急救知识就能及时施救。

4. 调整计划或策略

——目标调整

若意外使原目标难以达成，要及时调整。如因天气原因无法按计划登山，可改为周边徒步。

——方法变更

尝试新的方式方法来解决问题。如营销活动中原本的宣传渠道效果不佳，可及时更换其他渠道。

5. 寻求帮助

——专业人士

遇到超出自身能力的意外，及时向专业人员求助。如遭遇法律纠纷，咨询律师；身体突发疾病，寻求医生帮助。

——身边资源

向家人、朋友、同事等寻求支持，可能他们有相关经验或能提供新的思路。如项目执行中出现意外困难，团队成员共同商讨解决方案。

生活从不会按照预设剧本发展，充满未知与意外。当我们摸着石头过河，以积极灵活的态度应对，就能在不断探索中找到前行的方向，跨越重重障碍，抵达成功彼岸。

激发出"草台班子"中
每个人的韧性和潜力

常有人轻视"草台班子"，认为其难成大事。但事实上，当充分激发其中每个人的韧性与潜力，这个看似松散的团队，却能爆发出惊人的能量，创造令人瞩目的成就。

出身平凡无法定义未来，"草台班子"里，**每个人的韧性是支**

撑梦想的脊梁，挖掘潜力是实现逆袭的利刃， 聚沙成塔，终能绽放耀眼光芒。

《疯狂的石头》这部电影的诞生，堪称"草台班子"的逆袭传奇。拍摄时，导演宁浩初出茅庐，资金严重短缺；演员大多是没什么名气的新人，团队成员来自五湖四海；没有豪华的拍摄设备，也没有强大的宣传资源，活脱脱一个"草台班子"。但就是这样一群人，凭借对电影的热爱和各自的韧性，在艰苦的拍摄条件下咬牙坚持。演员们为了一个镜头反复揣摩，导演为了节省成本四处奔波拉赞助，工作人员身兼数职。黄渤在拍摄时，没有因条件简陋而抱怨，反而充分挖掘自己的表演潜力，将"黑皮"这一角色演绎得淋漓尽致，为影片增添了不少亮点。最终，这部看似粗制滥造的小成本电影，凭借独特的剧情和演员们精彩的表演，在竞争激烈的电影市场中脱颖而出，斩获多项大奖，成为中国电影史上的经典之作。

创业的征途上，"草台班子"不是劣势，而是充满无限可能的起点。激发成员韧性，挖掘潜力，也能在巨头林立的市场中，闯出属于自己的一片天。

字节跳动创立初期，团队成员也大多来自普通背景，没有互联网巨头的资源和人脉，资金也不充裕。但他们凭借对互联网内容的敏锐洞察和创新思维，在短视频领域大胆探索。团队成员面对技术难题、市场竞争和资金压力，没有丝毫退缩。算法工程师日夜钻研优化推荐算法，产品经理不断打磨用户体验，运营人员积极拓展市场。张一鸣作为创始人，充分激发团队成员的潜力，让每个人在自己擅长的领域发光发热。如今，字节跳动旗下的抖音、今日头条等产品风靡全球，成为互联网行业的佼佼者。

那么，在团队中，如何才能充分激发每个人韧性和潜力呢？

1. 营造积极环境

——给予支持鼓励

营造充满信任、理解和支持的氛围，让成员感受到无论成败都会被接纳。例如在团队项目中，领导对遇到困难的成员说"别担心，尽力去做，我们都支持你"，能增强成员面对困难的勇气。

——塑造包容文化

倡导包容不同观点、接纳失败的文化，鼓励成员分享想法，即使失败，也将之视作成长契机。如谷歌公司允许员工有一定时间尝试新想法，即便失败也不会受罚，从而激发员工的创新潜力。

2. 设定合理目标

——制订挑战性目标

给予成员具有一定难度但通过努力可实现的任务，激发其斗志和潜力。如销售团队为成员制订略高于上一周期业绩的目标，可促使成员挖掘自身潜力。

——目标分解细化

将大目标分解为阶段性小目标，让成员看到进步和成果，增强信心与韧性。如马拉松选手将赛程按公里数分解，每完成一段都会给自己带来积极暗示。

3. 提供成长机会

——组织培训学习

提供专业技能、沟通技巧等培训课程，帮助成员提升能力，为应对挑战储备能量。如企业定期组织内部培训或邀请专家讲座，让员工学习新的知识和技能。

——鼓励自我提升

支持成员利用业余时间学习，提供相关资源或补贴。如有的公司为员工报销在线课程费用，激发员工自我提升的积极性。

4. 建立反馈机制

——及时反馈指导

在成员工作或学习过程中，及时给予反馈和指导，肯定优点，指出不足并提供改进建议。如教练在运动员训练时，实时纠正动作，能让运动员更快提升。

——双向反馈机制

建立双向反馈渠道，让成员也能对上级或团队提出意见和建议，增强参与感和责任感。如定期开展团队沟通会，鼓励成员畅所欲言。

5. 树立榜样示范

——领导以身作则

领导在面对困难时展现出坚韧不拔的精神和积极应对的态度，

可为成员树立榜样。如在公司面临危机时,领导带头加班、积极寻找解决方案,能激励员工共同努力。

——宣传优秀案例

宣传身边的优秀榜样和成功案例,让成员有具体的学习对象。如在公司内部表彰优秀员工,分享他们的奋斗故事,激发其他员工的积极性。

别小瞧"草台班子"的力量,只要充分激发每个人的韧性和潜力,这个看似平凡的团队,就能创造出改写命运的非凡成就。

专注当下任务,
把每一件小事都当作展示自我价值的机会

在人生的漫漫长路中,有些人总在眺望远方的宏大目标,却忽略了脚下的每一小步。殊不知,真正的成功并非一蹴而就,而是源自对当下任务的专注,把每一件小事都当作展示自我价值的绝佳契机。

生活的意义不在于遥不可及的幻想,而在于专注当下的每分每秒。**把平凡小事做到极致,也是对自我价值有力的诠释。**

日本"煮饭仙人"村嶋孟,在东京经营一家大众食堂长达50多年,每天只专注做好一件事——煮米饭。煮饭的过程繁琐又平凡,从挑选大米、控制水量,到精准把握火候和时间,每个环节他都亲力亲为,数十年如一日。他从不因这只是一份普通的营生而敷衍,而是将全部的热情和精力投入其中。每一粒米饭在他的精心烹制下都饱满晶莹、香甜可口,食客们纷至沓来,只为品尝这一碗饱含匠心的米饭。

职场没有卑微的岗位,只有轻视工作的人。专注当下小事,用行动证明自己,每一分努力都将成为晋升的阶梯。

小李原本只是公司的一名普通行政助理,日常工作琐碎繁杂,诸如文件整理、会议安排、办公用品采购等。但他从不觉得这些工作微不足道,对每一项任务都全力以赴。整理文件时,他会细心分类，建立清晰的索引，方便同事快速查找；安排会议前，他提前了解每位参会者的需求，确保会议顺利进行；采购办公用品，他反复对比商家，为公司节省成本。一次重要的商务洽谈，合作方临时需要查阅过往项目资料，小李凭借平时扎实的文件整理工作，迅速准确地提供了相关文件，给合作方留下深刻印象，助力公司顺利拿下合作。他以对小事的专注，在平凡岗位上展现出非凡价值，获得领导和同事的认可，逐渐成长为行政部门的骨干。

那么，如何集中精力，专注于完成当下的任务呢？

1. 创造专注环境

——整理空间

清理工作或学习区域，保持整洁、有序，减少视觉干扰。如将桌面杂物清理干净，只摆放与当前任务相关的物品。

——减少干扰

关闭手机、电视等可能分散注意力的设备，若周围环境嘈杂，可使用降噪耳机或寻找安静空间。

2. 明确任务目标

——细化目标

将大任务分解为具体、可操作的小步骤，并为每个步骤设定合理时间节点。如写论文可分为确定主题、收集资料、撰写大纲等小任务，分别安排时间完成。

——突出重点

明确任务关键部分和核心目标，将注意力集中在最重要的内容上。如准备演讲时，把重点放在核心观点和关键数据上。

3. 运用时间管理技巧

——番茄工作法

选择一个待完成任务，将时间设为 25 分钟，专注工作，中途不做其他事；25 分钟后休息 5 分钟，每 4 个时段后可多休息一会儿。

——时间块规划

根据任务重要性和预计时长，在日程中划分出不同时间块，每个时间块专注完成一项任务，形成稳定的工作节奏。

4. 调整心态和状态

——排除杂念

采用冥想、深呼吸等方法，在开始任务前排除内心杂念，让自己平静下来。如深呼吸 5 分钟，将注意力集中在当下。

——保持积极

用积极的心态看待任务，自我激励，避免拖延和消极情绪。如告诉自己："我可以高效完成这项任务，完成后会很有成就感。"

5. 限制多任务处理

——一次一事

不要同时处理多项任务，专注于一项任务直至完成或达到一个重要节点后，再开始下一项。如不要边写报告边回邮件，先完成报告主体内容，再处理邮件。

——任务排序

按照任务的紧急程度和重要性进行排序，优先处理最重要、最紧急的任务，避免任务堆积导致注意力分散。

人生是由无数个当下组成的，忽视眼前小事，再远大的目标也只是空中楼阁。专注手头任务，珍视每一次展示自我的机会，方能在平凡中铸就非凡，收获属于自己的成功与荣耀。

在有限的条件下，
最大限度地开发自身潜力

生活常给我们设限，资源匮乏、条件艰苦，看似将前路堵死；可那些不甘平庸的人，偏能打破这重重桎梏，把自身潜能挖掘到极致，绽放出耀眼光芒。

截至 2025 年 4 月 20 日，动画片《哪吒之魔童闹海》累计票房（含预售及海外票房）已强势突破 156 亿元大关，成功跻身全球票房榜前 5 位，成为首部达成此成就的亚洲电影；同时，稳居全球动画电影票房榜 TOP1，还是中国电影史上首部、全亚洲首部票房破百亿的影片，刷新了全球单一电影市场最高票房纪录。

导演饺子凭借《哪吒之魔童降世》和《哪吒之魔童闹海》两部影片，累计票房超 200 亿元，成为中国影史导演票房第一。

在光影交错的电影江湖，导演饺子宛如一柄横空出世的利刃，划开了国产动画的新格局。他的成功，不是偶然的流星划过，而是在漫长黑夜里，凭借信念、才华与执拗，一步步踏出来的热血征途。

兴趣是藏在灵魂深处的引擎，一旦点燃，便能驱动你冲破现实的藩篱。

饺子本名杨宇，他的逐梦之路，就起始于兴趣的火种。他自幼痴迷动漫，却在现实的裹挟下，被迫选择了药学专业。但真正的热爱，怎会被轻易掩埋？

在无人问津的角落里，坚持就是对梦想最深情的告白，总有一天，你的坚持会像蛰伏的种子，终将绽放满园。

大三时，一款动画制作软件重新唤醒了杨宇内心的渴望。他毅然决然地投身动画世界，不顾外界的质疑与反对，辞职回家，潜心创作。那是一段被贫穷与孤独笼罩的日子，他靠着母亲微薄的退休金度日，被旁人讥讽为"啃老族"。可他在母亲的默默支持下，坚守着心中的动画梦。终于，《打，打个大西瓜》横空出世，这部耗时三年零八个月的短片，斩获国内外多项大奖，让他在动画界崭露头角。

然而，初尝成功的喜悦后，饺子的事业并未一路顺遂。成立工作室后，国产动漫行业的寒冬让他的团队举步维艰，只能靠接广告勉强维持运转。成员相继离去，可他依旧守着那团创作的火焰。

成功没有捷径，每一个细节都是通往巅峰的台阶，只有耐得住寂寞，精雕细琢，才能铸就传世佳作。

2015 年，国产动画的春风吹来，饺子迎来了《哪吒之魔童降世》的创作契机。这一次，他将全部的心血都倾注其中：剧本修改 66 遍，为了一个镜头反复打磨，对 1 800 多个特效镜头严格把关。2019 年，《哪吒之魔童降世》上映，瞬间点燃了整个暑期档，50 亿的票房成绩，让他一跃成为国产动画电影的领军人物。

巅峰不是终点，而是新的起点。只有不断挑战自我，突破极限，才能在强者如云的江湖中，始终占据一席之地。

饺子并未满足于此，他再度隐退，闭关5年，只为打造《哪吒之魔童闹海》。他给团队立下严苛标准，亲自示范镜头，与特效团队死磕到底，有的特效镜头甚至打磨了3年之久。2025年春节档，《哪吒之魔童闹海》震撼上映，票房一路狂飙，登顶中国电影票房榜。

饺子的成功，是梦想照进现实的传奇，是坚持与努力的胜利。他用自己的经历告诉我们，在追求梦想的道路上，无论遇到多少艰难险阻，只要心怀热爱，坚守信念，勇于拼搏，必能创造属于自己的辉煌。

那么，如何在有限的条件下，最大限度地开发自身潜力呢？

1. 明确目标与规划

——精准定位目标

结合自身兴趣、能力和现实条件，确定清晰、具体、可衡量的目标。如在因资金有限无法参加专业绘画班时，若对绘画有兴趣，可将目标定为一年内通过网络资源自学掌握基本绘画技巧，并初步创作出系列作品。

——制订详细计划

将大目标分解为阶段性小目标和具体任务，为每个任务设定合理的时间节点，使目标更具可操作性。

2. 高效利用资源

——挖掘内部资源

盘点自身已有的知识、技能、经验等，思考如何将其运用到新的目标中。如擅长写作的人在学习市场营销时，可利用写作能力撰写营销文案来提升营销能力。

——整合外部资源

充分利用身边现有的外部资源，如图书馆书籍、免费网络课程、公益讲座等；还可与他人建立合作关系，实现资源共享和优势互补。

3. 持续学习与实践

——积极学习新知识

保持好奇心和求知欲，利用一切机会学习。在时间有限时，可采用碎片化学习方式，如在通勤路上听音频课程、午休时阅读专业文章等。

　　——勇于实践创新

　　将所学知识应用到实践中，在实践中发现问题、解决问题，不断优化方法和思路；并尝试从不同角度思考问题，突破常规，寻找创新解决方案。

4. 保持积极心态与健康状态

　　——培养积极心态

　　遇到困难和挫折时，学会用积极的心态看待，将其视为成长的机会；通过自我鼓励、心理暗示等方法，增强自信心和抗挫折能力。

　　——维持健康状态

　　合理安排时间，保证充足睡眠和适度运动，为开发潜力提供生理基础；同时，学会调节情绪，通过冥想、瑜伽等方式缓解压力，保持良好的心理状态。

　　不要抱怨条件有限，那只是成功路上的磨砺石。当我们下定决心，在有限中探寻无限，就能激发体内潜藏的巨大能量，冲破一切阻碍，创造属于自己的辉煌。

前行受挫，
要快速调整自己的状态和目标

　　在风云变幻的人生赛道上，若一味死守陈旧目标，那便如逆水行舟，不进反退；只有懂得灵活变通，快速调整方向，才能顺应时代浪潮，成功抵达彼岸。

　　在人生这趟没有返程票的高速列车上，无人能奢求一路绿灯畅行无阻，遭遇颠簸与停滞，本就是旅程的常态。**真正决定你能前行多远的，不是出发时的意气风发，而是受挫后能否迅速调整状态、重新校准目标，让自己的人生列车重回正轨，驶向更为广阔的天地。**

一次失利不是终点，快速调整状态与目标，是对失败最有力的回击。

拿奥运冠军谌利军来说，在2016年里约奥运会男子举重62公斤级比赛中，他因赛前热身时腿部抽筋，状态不佳，最终遗憾失金。这次失败并未让他一蹶不振，而是迅速调整状态。他深入分析失利原因，从训练方法、饮食作息到心理建设，全方位做出改变。训练中，他加强腿部力量与柔韧性训练，避免再次出现类似状况；调整作息，保证充足睡眠以恢复体能；还通过心理辅导，增强抗压能力。同时，他根据自身发展和赛事变化，重新设定目标，将目光投向东京奥运会。在东京奥运会上，谌利军在抓举落后的不利局面下，凭借调整后的绝佳状态，在挺举中成功逆袭，夺得金牌。

时代变革不等人，故步自封只会被淘汰；快速转变状态，重新锚定目标，才能在新赛道上开启人生新篇章。

小王原本在传统媒体行业的一家报社担任记者，工作稳定。但随着新媒体迅速崛起，传统媒体行业逐渐式微，他所在的报社业务量大幅下滑。小王意识到，如果继续按部就班，职业发展将陷入困境。于是，他果断调整状态，利用业余时间学习新媒体知识，报名参加线上课程，学习短视频制作、新媒体运营技巧等。同时，他调整职业目标，从传统记者转型为新媒体内容创作者。他凭借扎实的文字功底和快速学习能力，迅速适应新岗位，创作出一系列爆款新媒体作品，逐渐在新领域站稳脚跟。

前行受挫时，我们可从以下几个方面快速调整自己的状态和目标：

1. 调整状态

——正视情绪

受挫后产生负面情绪很正常，要允许自己感受和表达这些情绪，可通过写日记、与朋友倾诉等方式释放，避免过度压抑。

——积极自我暗示

多对自己说鼓励的话，如"我能行""我有能力解决问题"等，肯定自身价值和能力，增强自信心，摆脱消极心态。

——适当放松身心

进行运动、冥想、听音乐、看电影等活动，让身体和大脑从紧张和压力中解脱出来，恢复精力，为重新出发储备能量。

2. 调整目标

——全面复盘

冷静分析受挫原因，是目标过高、方法不当，还是外部环境变化等，找出问题根源，为调整提供依据。比如备考失败，分析是复习计划不合理，还是知识点掌握不牢。

——评估目标合理性

结合自身实际情况和外部环境，检查原目标是否符合自身能力、资源和现实条件，若不切实际，需及时调整。

——分解目标

将大目标细化为小目标，使目标更具可操作性和可实施性，每完成一个小目标都能获得成就感，增强信心和动力。

——制订新计划

根据调整后的目标，制订详细、具体的实施计划，明确步骤、方法、时间节点等，按计划有序推进，让自己有清晰的行动方向。

人生没有固定航线，时代的风向时刻在变。当机立断，快速调整自己的状态与目标，是生存之道，更是成功的关键。

持续学习新的知识和技能，使自己具备多维度的能力

在这个瞬息万变、内卷严重的时代，故步自封就如同逆水行舟，不进反退，甚至会被时代的洪流无情吞没。只有持续学习新知识和技能，努力让自己具备多维度的能力，才能在竞争的狂风巨浪中站稳脚跟，驶向成功的彼岸。这不是一句空洞的鸡汤，而是无数强者用亲身经历写就的生存法则。

知识和技能是最具价值的投资，每一次学习都是在为未来的自己积累财富。

拿罗振宇来说，早年他在传统媒体行业耕耘，担任央视《对话》《经济与法》等节目的制片人。但他没有被传统媒体的舒适圈困住，而是敏锐地捕捉到移动互联网时代知识传播的新趋势。他一头扎进新知识的海洋，广泛涉猎商业、历史、文化、科学等多个领域。通过持续学习，他创立了《罗辑思维》，将晦涩的知识以通俗易懂、风趣幽默的方式呈现给大众。在内容创作中，他融合经济学、社会学等多学科知识，打造出独特的知识产品。从线上音频节目到线下演讲，再到知识付费平台，罗振宇凭借多维度的知识储备和能力，成功实现跨界转型，在知识服务领域占据重要地位。

时代的进步从不等待故步自封者，持续学习是跨越行业边界的桥梁， 用知识武装自己，构建多维度能力，方能在不同领域纵横驰骋，创造改变世界的奇迹。

职场犹如竞争激烈的战场，单一技能如同单薄的盔甲；持续学习新知识、新技能，构建多维度能力，才能全面武装自己，在职业道路上披荆斩棘，实现飞跃。

小李原本是一名普通的会计，工作内容单一。但他深知，仅掌握财务知识难以在职场有更大发展。于是，他利用业余时间学习数据分析技能，参加相关培训课程和线上学习社区。通过不断努力，他不仅能熟练运用Excel、Python等工具进行财务数据分析，还能从数据中挖掘出有价值的信息，为公司决策提供支持。后来，公司业务拓展，需要既懂财务又懂数据分析的人才，小李凭借多维度能力脱颖而出，成功晋升为财务分析主管。

持续学习新知识和技能，是一种对自我的深度投资，是通往多维度能力的必由之路。它不仅能让你在专业领域深耕细作，还能为你打开一扇扇通往新世界的大门，让你拥有更广阔的视野和更强大的竞争力。别再抱怨时代的残酷，别再为自己的懒惰找借口，拿起书本等工具，打开学习的大门，从现在开始，踏上这段终身学习的征程。

时代的车轮滚滚向前，知识不断更新迭代。只有持续学习，让自己具备多维度能力，才能在时代的舞台上，绽放出属于自己的独特光芒。

行动果敢，抢占成功先机

在人生的竞技场上，机会总是转瞬即逝，那些瞻前顾后、畏缩不前的人，只能眼巴巴看着机遇溜走；只有行动快、胆子大的勇者，才能抢先一步，获得成功。

当旧秩序看似坚不可摧时，打破常规的勇气就是开辟新航道的引擎。

20世纪末，传统音像租赁业被巨头Blockbuster垄断，新入局者奈飞（Netflix）却在看似毫无生机的环境中，发现了传统模式的弊端。彼时，人们租碟受限于门店营业时间和库存，逾期归还罚款更让人头疼。奈飞摒弃实体店面，推出线上订阅模式，用户每月支付固定费用，就能无限次租赁DVD并享受邮寄服务。创业初期，技术难题、物流配送挑战、用户习惯培养等问题接踵而至。可奈飞没有退缩，不断优化线上平台，升级推荐算法，还大胆转型投入原创内容制作。最终，奈飞打破行业格局，成为全球流媒体巨头。

共享单车的兴起，堪称一场速度与勇气的胜利。摩拜单车的创始人胡玮炜，在共享经济概念刚萌芽时，就敏锐捕捉到其中商机。她没有因共享单车模式无前例可循、运营难度大等问题而退缩，而是迅速行动，找投资、研发单车、组建团队、布局市场，每一步都雷厉风行。当其他竞争者还在观望、犹豫时，摩拜单车已率先投放市场，迅速占领各大城市街头。凭借先入为主的优势，摩拜迅速在共享单车领域站稳脚跟，成为行业巨头。

商业战场，犹豫是慢性毒药，果敢才是制胜法宝。行动快人一步，大胆迈出第一步，就能在竞争中抢占先机，将机遇牢牢攥在手中。

以外卖行业的崛起为例，早些年，传统餐饮模式稳固，人们就餐主要依赖堂食或电话订餐。互联网虽在发展，可如何将其与餐饮配送结合，却处于混沌不明的状态，饿了么团队却敏锐捕捉到其中商机。彼时市场上既无成熟模式可借鉴，也面临商家和消费者接受度低的难题，但他们没有退缩，团队四处奔波说服商家入驻平台，开发配送系统，还通过大量地推活动让消费者了解并使用外卖服务。创业初期，订单量少、配送效率低、资金紧张等问题接踵而至，可他们在混乱中摸索，不断优化流程，最终从无人问津发展为外卖行业巨头。

在演艺圈，黄渤的成功也源于他的果敢。黄渤早年在歌厅驻唱，怀揣演员梦想却四处碰壁。但他没有被困难吓倒，只要有演戏机会，无论角色多小、条件多艰苦，他都毫不犹豫地抓住。在拍摄《上车，走吧》时，他不顾条件简陋，全身心投入表演，凭借出色表现崭露头角。之后，面对各种类型的角色邀约，他大胆尝试，不断突破自己。从喜剧到正剧，黄渤以精湛的演技征服观众，成为华语影坛的实力派影帝。

成功偏爱果敢之人，行动快一点，胆子大一点，就能跨越犹豫的鸿沟，比别人更快抵达成功的彼岸。

第八章 秉持『草根精神』躬身入局，开启未来无限可能之门

第九章
内心强大的秘诀是我永远喜欢我自己

维吉尼亚·萨提亚说:"当我内心足够强大,我不再防卫,所有力量都会自由流动。"

在外界的喧嚣与质疑中,如何保持内心的坚定?答案是学会爱自己。当你真正接纳并喜爱自己,便能拥有坚不可摧的内心世界。

真正的内心力量，
源于对自我的接纳与珍视

在这纷繁复杂的世界里，诸多外界因素都在试图动摇我们的内心，有人因他人的否定而自我怀疑，有人因生活的挫折而一蹶不振。但真正内心强大者，会紧握"我永远喜欢我自己"这把钥匙，为自己构筑起坚不可摧的精神堡垒。

演员葛优，初入演艺圈时，因长相不出众，遭受了无数的质疑与嘲笑。有人直言他"丑得不符合演员标准"，也有人断定他在演艺道路上难有作为。但葛优从未因此否定自己，他接纳自己的外貌，更珍视自己在表演上的天赋与热情。他潜心钻研演技，从跑龙套开始，不放过任何一个提升自己的机会。在拍摄过程中，无论角色多小、条件多艰苦，他都全力以赴，用精湛的演技塑造了一个个鲜活的人物形象。

外界的否定是成长的砂纸，唯有自信自爱，才能打磨出强大的内心，不惧流言蜚语，用实力赢得尊重。葛优喜欢那个在演艺道路上不断拼搏的自己，这份自信让他内心强大，无惧外界的负面评价。最终，他凭借实力成为华语影坛的实力派影帝，让曾经质疑他的人刮目相看。

生活的困境是暂时的阴霾，自爱则是穿透乌云的阳光，照亮前行之路，让内心足够强大，冲破一切阻碍，站上荣誉巅峰。

游泳名将菲尔普斯也经历过自我认同的考验。年少时，他患有注意缺陷多动障碍（ADHD），在学习和生活中面临诸多困难，这让他一度陷入自我怀疑。但菲尔普斯没有被疾病所禁锢，他发现自己在游泳方面的天赋后，便全身心投入训练。他喜欢那个在泳池中不断挑战自我的自己，即使训练枯燥艰苦，比赛压力巨大，他也从未放弃。凭借热爱与坚持，菲尔普斯多次打破世界纪录，斩获多枚奥运金牌，成为泳坛传奇。

竞争是外在的挑战，自信是内在的力量。唯有真正接纳并热爱自我，才能锻造强大的内心，在竞争中崭露头角，实现自我价值。

小张毕业于普通院校，进入一家大公司后，面对名校毕业的同事，他曾感到自卑。但他很快调整心态，他喜欢自己积极进取的态度，喜欢自己面对困难时的坚韧。工作中，他主动承担任务，不断学习提升自己的专业技能；遇到难题时，他不退缩，而是积极寻找解决办法。凭借对自己的认可和努力，小张在工作中表现出色，最终得到了领导和同事的认可，获得了晋升机会。

内心强大不是与生俱来的，而是源于对自己始终如一的喜爱。当我们锚定自信的灯塔，无论外界如何风云变幻，都能坚守内心，勇往直前。

我就是世界的主角，我要主宰自己的命运

在这广袤天地间，太多人甘愿随波逐流，将命运的缰绳拱手让人。然而，真正的强者，笃定"**我就是世界的主角，我要主宰自己的命运**"，以无畏之姿，在人生画布上绘就独属于自己的绚丽画卷。

命运从不眷顾自怨自艾者，唯有以主角之姿，主动出击，才能在时代的舞台上，演绎出震撼人心的逆袭传奇。

美国前总统奥巴马，出身平凡，父亲是肯尼亚留学生，母亲是美国白人。复杂的家庭背景和多元的成长经历，并未成为他的枷锁，反而成为他奋进的动力。在种族歧视严重的美国社会，奥巴马没有抱怨命运的不公，没有坐等机会降临。他凭借对政治的热爱和卓越的才华，从基层社区工作做起，一步步积累经验。竞选总统时，面对强大的竞争对手和社会各界的质疑，他坚定信念，积极奔走，向民众阐述自己的政治理念。他深知，只有自己掌握命运的主动权，才能扭转自身的不利局面。最终，奥巴马成功当选美国总统，成为美国历史上首位非洲裔总统，打破了种族和阶层的壁垒，用行动诠释了主宰命运的力量。

音乐舞台，群星璀璨，让世界聆听到自己的声音实属不易。音乐才女泰勒·斯威夫特初入音乐行业时，乡村音乐市场竞争激烈，新人想要崭露头角难上加难。泰勒没有依赖他人的扶持，她从创作自己的歌曲开始，用真挚的歌词和独特的旋律表达自己的成长感悟。面对外界对她音乐风格的质疑，她没有迎合大众口味，而是不断突破自我，从乡村音乐逐渐拓展到流行音乐领域。她亲自参与专辑制作、宣传等各个环节，像一位掌控全局的主角，主导着自己音乐事业的发展。她的专辑多次打破销售纪录，斩获多项音乐大奖，成为全球知名的流行歌手。泰勒用实力宣告，她就是自己音乐世界的主宰，命运由自己谱写。

中国电竞领域的开拓者李晓峰（SKY）出生在普通家庭，成长于电竞不被主流认可的年代，玩游戏被视作不务正业。但他凭借对电竞的热爱，不顾外界质疑，毅然投身电竞行业。当时国内电竞环境不佳，缺乏专业训练体系和赛事支持。李晓峰独自摸索训练方法，四处参加比赛积累经验。面对强劲的国外选手和艰苦的比赛条件，他从未退缩。在WCG（世界电子竞技大赛）赛场上，他两度斩获魔兽争霸项目世界冠军，成为中国电竞的标志性人物。他用成绩证明了自己，改变了大众对电竞的看法，主宰了自己的电竞人生，开启了中国电竞的黄金时代。

命运不是天定的剧本，而是由自己书写的传奇。当我们笃定自己是世界的主角，勇敢主宰命运，努力冲破一切阻碍，终将创造出属于自己的高光时刻。

自强自爱，
构筑内心的钢铁堡垒

在人生的漫长征途上，内心强大是抵御风雨的坚实盾牌；而这盾牌的铸造秘诀，便是笃定地热爱自己，这是驱散阴霾、直面困境的力量之源。

在人生这场跌宕起伏的旅途中,有人被风雨轻易击垮,在泥泞中一蹶不振;而有人却能逆风翻盘,屹立不倒,秘密就藏在"自强自爱"这四字箴言里。这绝非简单的心灵鸡汤,而是能让你在荆棘丛中开辟出康庄大道的利刃,是打造坚不可摧的内心堡垒的基石。

先说俞敏洪,他的创业之路就是一部活生生的自强史。出身农村的他,高考两次落榜,但他没有被失败打倒,反而越挫越勇。他明白,只有靠自己努力拼搏才能改变命运。于是,他挑灯夜战,第三次高考终于成功考入北京大学。进入大学后,他又因英语口语差而备受打击,但他没有自卑自弃,而是每天早起背单词、练口语,凭借顽强的毅力提升自己。后来创办新东方,创业初期困难重重,资金短缺、招生困难、同行竞争……但俞敏洪凭借自强的精神,带领团队四处奔波宣传,亲自授课,不断创新教学模式。

自强是在黑暗中独自摸索的勇气,是哪怕遍体鳞伤也要向着光明奔跑的执着。 正是这种自强精神,让新东方从一个小小的培训班发展成为教育行业的巨头,也让俞敏洪成为无数人敬仰的企业家。

再看桑兰,这位曾经的体操健将,在1998年第四届友好运动会的一次跳马练习中意外受伤,高位截瘫,人生瞬间跌入谷底。但桑兰没有被命运的残酷打倒,她选择了自爱与坚强。她积极配合治疗,努力进行康复训练,用乐观的心态面对生活的苦难。在康复期间,她自学英语,成为一名优秀的主持人;还积极投身公益事业,用自己的经历鼓励更多人。

自爱不是自私的放纵,而是在困境中依然珍视自己的价值,用爱呵护内心的希望之火。桑兰用行动诠释了自爱与自强的力量,她的内心堡垒坚不可摧,成为人们心中的励志楷模。

反观一些人,在面对职场竞争时,一旦遭遇挫折就自怨自艾,抱怨社会不公、领导不识才,却从不反思自己是否努力不够,是否在不断提升自我。他们把自己的失败归咎于外界因素,而不是从自身寻找解决办法,这就是缺乏自强精神的表现。还有些人在感情中迷失自我,为了迎合对方而放弃自己的原则和底线,一旦感情破裂就陷入痛苦的深渊无法自拔,这是不懂得自爱的后果。

不自爱者,人恒轻之;不自强者,天亦弃之。

那么,我们该如何自强自爱,并构筑自己内心的钢铁堡垒呢?

1. 自我认知与接纳

——深度剖析自我

花时间进行自我探索，了解自己的优点、缺点、兴趣爱好及价值观等。可通过写日记记录想法感受，或回顾过往经历总结得失，明确自身优势与不足，为成长奠定基础。

——接纳自身全部

要明白每个人都有不完美之处，应接纳自己的缺点和不完美，不自我否定和批判。比如对自己的身材不满意，可以学会欣赏属于自身独特的美，或是通过健康饮食和运动积极改善，而不是一味抱怨。

2. 目标设定与追求

——确立清晰目标

结合自身情况和价值观制订目标，大到职业理想，小到每天的任务，让生活有方向。如想成为作家，可设定每年阅读一定数量书籍、每周写一定字数文章等具体目标。

——持续努力进取

朝着目标不懈努力，过程中会遇到困难挫折，但要把它们视为成长机会，培养坚韧精神，增强内心力量。

3. 自我关爱与呵护

——注重身心健康

合理饮食、规律作息、适度运动，保证身体健康；通过冥想、瑜伽、听音乐等缓解压力焦虑，保持心理健康。

——满足情感需求

重视自己的情感，不压抑情绪，难过时允许自己悲伤，快乐时尽情享受；还可通过与亲朋好友倾诉、参加社交活动等满足情感交流需求。

4. 知识学习与成长

——广泛学习知识

持续学习能拓宽视野、丰富内涵、增强自信，可通过阅读各类书籍、参加培训课程等方式，学习专业知识、生活技能及人文社科知识等。

——提升综合能力

不断提升沟通、解决问题、时间管理等综合能力,让自己在面对生活挑战时更从容自信,内心更强大。

5. 心态调整与优化

——保持积极心态

学会用积极眼光看问题,遇困难时找解决办法而非只看到阻碍。可通过积极的自我暗示,如每天对自己说"我可以"等话语,培养乐观心态。

——学会放下释怀

对过去的错误、失败及他人的评价等不要耿耿于怀,要学会放下包袱,轻装上阵,专注当下和未来。

人生没有一帆风顺,风雨总会不期而至。只有自强自爱,才能在狂风暴雨中坚守内心的安宁,构筑起坚不可摧的精神堡垒。从现在开始,停止抱怨,停止内耗,用自强的汗水浇灌梦想,用自爱的阳光温暖心灵,你会发现,那个强大的自己,正一步步向你走来。

拒绝自我矮化,
坚定人能我亦能的信念

在人生的赛道上,很多人常因他人的巨大成就望而却步,在心底默默给自己设限,觉得那些成就遥不可及。其实,许多人的成功也可能充满随机性和不确定性。真正的强者,从不自我矮化,坚信"别人能做到的我也一定能做到"。这不是盲目自信,而是一种刻在骨子里的无畏与坚韧,是破局逆袭的关键密码。

尼克·胡哲,这个天生没有四肢的澳大利亚人,一出生就被命运判了"死刑"。他没有健全的双腿去奔跑,没有灵活的双手去拥抱世界,连最基本的生活自理都成了奢望。但尼克·胡哲从未将自

己看作是一个弱者，"身体的残缺无法定义我的灵魂，只要心中有梦，哪里都是我的舞台"。他拒绝被怜悯，拒绝被特殊对待，凭借着顽强的毅力和乐观的精神，学会了用仅有的带着两个脚指头的"小脚"打字、踢球、游泳，甚至冲浪。他克服了常人难以想象的困难，成为一名全球知名的励志演说家。他四处奔走，用自己的故事激励着无数身处困境的人。

尼克·胡哲用自己的一生诠释了这样一个道理：无论命运给予怎样的磨难，只要不自我矮化，就能创造生命的奇迹。

羽生结弦，这位来自日本的花样滑冰男子单人滑运动员，年少时就立志要在花滑界闯出一片天。可他面临着诸多难题：身材不高，在力量和跳跃高度上天然吃亏；并且他还要与那些天赋异禀、经验丰富的欧美选手竞争。可羽生结弦从不自我矮化，他告诉自己："别人能达成的花滑成就，我凭借努力也能做到。"他每天在冰场上训练数小时，反复打磨每一个跳跃、旋转和滑行的动作。为了提升体能和柔韧性，他付出了超乎常人的努力。终于，他在2014年索契冬奥会、2018年平昌冬奥会两次夺得金牌，成为66年来第一位蝉联冬奥会男单冠军的花样滑冰选手。

羽生结弦用实力证明，只要心怀信念，无畏困难，就没有什么是无法企及的。

反观生活中，太多人在面对挑战时，第一反应就是退缩，看到别人在学术上取得成就，就觉得自己不是学习的料；看到别人在职场上风生水起，就认为自己没有人脉、没有背景，注定平凡。这种自我矮化的心态，就像一把枷锁，锁住了前进的脚步，让梦想永远停留在遥不可及的远方。

你若自我矮化，世界便会将你踩在脚下；你若昂首挺胸，困难也会为你让路。

人生没有预设的剧本，更没有天生的失败者，不要因为一时的困境，就将自己贬低到尘埃里。记住：别人能做到的，你也一定能做到。只要摒弃自我矮化的心态，怀揣坚定的信念，勇往直前，终有一天，你也能站在梦想的巅峰，俯瞰曾经认为无法逾越的高山。

没人能替你做决定，
所有人的意见都只能是参考

在人生的十字路口，我们常常被他人的意见裹挟，仿佛置身于嘈杂的漩涡，茫然不知所措。但请记住，没人能替你做决定，所有人的意见都只是参考；真正掌控命运航向的，只有你自己。

在梦想的赛场上，他人的质疑是呼啸的逆风，却无法阻挡坚定者的步伐。 唯有坚守自我信念，握紧梦想的球棒，才能挥出震撼世界的全垒打，开辟属于自己的荣耀之路。

铃木一郎，这位日本棒球界的传奇人物，在决定前往美国职业棒球大联盟（MLB）发展时，遭受了铺天盖地的质疑。日本棒球界普遍认为，亚洲球员在身体素质上与欧美球员存在差距，很难在竞争激烈的 MLB 立足。国内的教练和队友纷纷劝他留在日本，在熟悉的环境中继续职业生涯，可铃木一郎坚信自己的能力和独特的棒球理念。他没有被这些反对意见束缚，毅然踏上赴美之路。在 MLB，他凭借精湛的击球技术和顽强的斗志，迅速站稳脚跟，多次荣获各项荣誉，打破多项纪录，成为亚洲球员在 MLB 的标杆。

在艺术的征途上，他人的看法是沉重的枷锁，却锁不住不羁的灵魂。唯有忠于内心的表达，奏响自我的旋律，才能在音乐的宇宙中闪耀独特光芒，引领时代的潮流。

大卫·鲍伊，这位摇滚乐坛的传奇巨星，在音乐风格的探索上，始终坚持自我。20 世纪 70 年代，摇滚音乐被既定的风格和模式所束缚，大众和唱片公司都期待歌手遵循传统范式。当鲍伊提出融合华丽摇滚、电子音乐与先锋艺术元素，打造独特的音乐风格时，业内人士纷纷摇头，认为这种过于前卫的尝试难以被市场接受，会断送他的音乐生涯。可鲍伊没有被这些质疑和反对声左右，他坚信突破常规才能创造真正的艺术。他以大胆的妆容、独特的舞台表演和创新的音乐作品，如《Space Oddity》《Ziggy Stardust》等，开创了全新的音乐时代，成为无数音乐人敬仰的偶像。

在科学的探索中，世俗的偏见是密布的乌云，却遮不住真理的曙光。只有坚守对未知的好奇，握紧探索的火炬，才能穿越重重迷雾，照亮人类前行的方向，铸就不朽的科学丰碑。

当玛丽·居里决定投身放射性物质研究时，几乎整个科学界都向她投来了怀疑的目光。当时的科学界由男性主导，传统观念认为女性难以在艰苦且充满挑战的科研领域取得成就。同行们质疑她的研究方向，认为放射性物质的研究既危险又没有实际价值；家人也担心她的健康和未来，劝她放弃。但居里夫人坚信自己的判断，她不顾外界的压力，在简陋的实验室里，历经无数次失败，终于成功发现镭元素，两次获得诺贝尔奖，彻底改变了科学界对放射性物质的认知，为医学和物理学的发展开辟了新道路。

在人生的岔路口，他人的建议是善意的指引，却不一定是通往梦想的方向。只有听从内心的召唤，掌好人生的船舵，才能驶向梦想的彼岸，书写属于自己的精彩篇章。

小周是一名热爱摄影的大学生，毕业时面临着进入待遇优厚的广告公司做设计师，还是成为一名自由摄影师的选择。父母和同学都劝他选择广告公司，认为稳定的工作能带来安稳的生活。可小周对自由摄影充满向往，他看到了自媒体时代自由摄影师的广阔前景。尽管知道自由职业充满不确定性，但他没有被他人的意见左右，毅然踏上自由摄影之路。他背着相机四处旅行，拍摄独特的风景和人文照片，将作品发布在网络平台，逐渐积累了大量粉丝，还与多个知名品牌合作，实现了自己的摄影梦想。

人生是一场属于自己的独特旅程，他人的意见或许有用，但绝不能替代你的思考与判断，要勇敢地为自己的人生做决定，主宰自己的命运。

时刻散发"主角光环"，照亮生活之路

在人生这场盛大的舞台剧中，太多人习惯蜷缩在角落，将自己活成了无关紧要的配角。然而，真正的强者，时刻散发着"主

角光环"，以无畏的姿态，将光芒洒向生活的每一个角落，照亮前行的道路。

在人生的赛场上，没有天生的主角，只有敢于以主角之姿登场的人。

格力董事长董明珠便是以主角之姿大放异彩典范。初入格力时，她只是一名普通的业务员，但凭借敏锐的市场洞察力和果敢的决策力，迅速崭露头角。面对市场竞争和企业发展困境，她没有退缩，而是主动出击。她狠抓产品质量，创新营销模式，带领格力从一个区域性小厂发展成为全球知名的家电巨头。在格力的发展历程中，董明珠始终是那个引领方向的主角。

当你认定自己就是主角，就能在挑战中坚守初心，开拓进取，创造商业传奇。

2015年，30岁的梁文锋创立幻方量化，专注开发AI交易系统。彼时，量化投资在中国尚属新兴领域，质疑声与困难接踵而至：缺乏成熟经验借鉴，人才短缺，技术难题如山。可他没有丝毫退缩，凭借对技术代际跃迁的敏锐洞察，带领团队日夜钻研。当行业还在摸索时，他已前瞻性地确立AI为核心发展方向，不断投入资源研发。终于，幻方量化在他的带领下，管理资金规模很快突破百亿美元，年收益率稳定在30%以上，成为行业内的头部企业。

但他并不满足于在量化投资领域取得的成就，再次大胆转身，于2023年成立DeepSeek，进军通用人工智能领域。面对全球AI巨头林立的激烈竞争，他凭着"中国的AI不可能永远跟随，技术创新才是第一优先级"的信念，带领平均年龄仅20多岁的团队，埋头苦干。在芯片被封锁、技术研发艰难的困境下，他们创新性地提出全新的MLA架构，以极低的成本训练出性能与OpenAI相当的模型。

DeepSeek-V3和DeepSeek-R1等模型的发布，震惊硅谷，改写了全球AI的竞争格局，让世界看到中国AI的力量。

那么，对于普通人来说，我们该如何打造自己的"主角光环"呢？可从以下几个方面入手：

1. 明确目标与梦想

——深度自我探索

花点时间思考自己的兴趣、优势和价值观，通过回顾过往经历中让自己有成就感的事，或者在做什么事情时能废寝忘食，来确定自己真正热爱和想要追求的方向。

——制订清晰目标

基于自我探索的结果，设定明确、具体、可衡量且有时限的目标；长期目标可分解为阶段性的小目标，使目标更具可操作性。

2. 持续学习与成长

——广泛知识储备

保持好奇心，广泛涉猎不同领域的知识，不仅要精通专业领域的知识，还要了解其他相关知识，拓宽自己的视野和思维方式。

——提升技能水平

根据自身目标和职业发展，有针对性地提升技能，如沟通能力、领导力等。可通过参加培训课程、在线学习平台等方式，不断练习和实践。

3. 塑造自信与独特个性

——培养自信心态

认识到自己的价值和优点，积极面对挑战和困难，从成功经历中汲取信心；同时学会正视失败，将其视为成长的机会。

——展现独特风格

在言谈举止、思维方式等方面形成自己的特色，不盲目跟风，敢于表达自己的观点和想法，让自己在人群中脱颖而出。

4. 强化责任担当意识

——主动承担责任

在工作和生活中，积极主动地承担任务和责任，不推诿、不逃避，以解决问题为导向，努力把事情做到最好。

——为他人提供价值

关注他人需求，尽力帮助他人解决问题，通过自己的努力为团队、社会创造价值,赢得他人的认可和尊重。

5. 打造良好的人际关系

——学会有效沟通

提高自己的沟通能力,包括倾听和表达,清晰地传达自己的想法;同时认真倾听他人意见,建立良好的互动。

——积极拓展人脉

主动与他人建立联系,多参加社交活动、行业会议等,结识不同领域的人,建立广泛的人脉资源,为自己的发展创造更多机会。

别再甘于平凡,每个人都有成为主角的潜力。时刻散发"主角光环",以自信、担当和行动,照亮生活之路,你也能成为人生舞台上最耀眼的那颗星。

于"草台"喧嚣中独自修行:孤独里的自我陪伴与成长升华

在人生的漫漫长路中,孤独常如影随形,被许多人视为洪水猛兽,避之不及。然而,真正的强者却懂得,孤独是一场灵魂的修行,是自我陪伴与成长的最佳伴侣。

孤独是催化剂,在无声的世界里,与自我的灵魂共鸣,方能奏响穿透心灵的不朽旋律。

音乐家贝多芬,在他音乐创作的黄金时期,却遭受了双耳失聪的沉重打击。这一巨大的挫折,使他与外界的交流变得艰难,被迫陷入孤独的世界。但他没有被孤独打败,反而在这寂静的孤独中,选择与自己的灵魂紧密相拥。他远离世俗的纷扰,独自沉浸在音乐的奇妙世界里,凭借着内心对音乐的热爱和对艺术的执着追求,在失聪的困境下,用骨传导的方式感受音乐的振动,继续谱写着震撼人心的乐章。

他在孤独中陪伴自己,不断突破音乐创作的边界,从激昂的《命运交响曲》到悠扬的《月光奏鸣曲》，每一部作品都凝聚着他在孤独中对生活的深刻感悟和对艺术的独特理解。尽管生活充满苦难，但他的音乐却成为人类艺术宝库中璀璨的明珠。

哲学的思考是孤独的漫步，在寂静的时光里，与自我的思想同行，方能在真理的道路上，踏出坚实的步伐。

哲学家康德，一生几乎没有离开过他生活的小镇，过着极为规律和孤独的生活。他每天按时散步，生活简单而单调。在孤独的时光里，他却与自己的思想深度对话，不断探索哲学的奥秘。他拒绝外界的喧嚣和诱惑，专注于自己的思考与研究。

他在孤独中陪伴自己，将对世界、对人生的思考，凝结成了一部部伟大的哲学著作，如《纯粹理性批判》等，为哲学领域的发展做出了不可磨灭的贡献。他的思想影响了后世无数的哲学家，在哲学的历史长河中留下了深刻的印记。

那么，如何正确面对孤独，做到在孤独中成长呢？以下是一些参考方法：

1. 自我认知与反思

——深度剖析内心

利用孤独时光，通过写日记等方式探索自己的兴趣、价值观和人生目标，了解真正的自己，明确内心所求。

——反思过往经历

回顾过去的成功与失败，从中吸取经验教训，思考如何改进自己的行为和决策，实现自我提升。

2. 学习与自我提升

——广泛阅读

阅读不同领域的书籍，拓宽知识面和视野，丰富精神世界，与书中的思想碰撞，激发自己的思考。

——技能学习

根据自身兴趣和发展需求，学习新技能，如学习一门外语、一种乐器等，提升个人能力，为未来发展增添助力。

3. 情绪管理与心态调整

——接纳孤独情绪

认识到孤独是正常的情绪，不抗拒、不逃避，以平和的心态对待，与孤独和谐共处。

——培养积极心态

关注生活中的美好和自身的优点，进行积极的自我暗示，用乐观的心态看待孤独中的成长，把孤独当作成长的机遇。

4. 兴趣培养与创造力激发

——投入兴趣爱好

专注于自己喜欢的事情，如绘画、摄影等，在沉浸中获得心灵的充盈与自我价值的升华。

——激发创造力

孤独为创造力提供了空间，尝试进行创造性活动，如写作、发明创造等，挖掘自己的创造力和潜能。

5. 建立内在支持系统

——与自己对话

通过冥想等方式，与自己进行深度对话，倾听内心的声音，给自己鼓励和支持，增强内心的力量。

——保持希望与信念

树立对未来的希望和信念，相信孤独是暂时的，在孤独中努力会让自己变得更好更强，为成长提供动力。

孤独并非寂寞的深渊，而是成长的隐秘力量。当我们学会在孤独中自我陪伴，就能挖掘出内心的力量，实现自我的蜕变与成长，让生命绽放出别样的光彩。

风物长宜放眼量，
要看到自己未来的无限可能

在人生的漫长旅途中，许多人常常被眼前的困境与平凡束缚，目光短浅，看不到未来的无限可能；而那些真正的强者，却能挣脱当下的禁锢，以无畏的勇气和坚定的信念，展望未来，在看似不可能中开辟出属于自己的康庄大道。

在未知的迷雾中，敏锐的眼光是发现宝藏的罗盘，持续创新是挖掘宝藏的工具。

无人机行业兴起之初，技术不成熟，应用场景模糊，大众认知度低，市场一片混沌。大疆创始人汪滔却看到了无人机在航拍、测绘等领域的潜力。创业时，团队面临技术瓶颈，核心零部件依赖进口，成本高昂。汪滔带领团队自主研发，攻克飞行控制、图像传输等关键技术，推出高性价比的无人机产品。面对市场质疑，大疆积极开拓应用场景，与影视、农业、测绘等行业合作，让无人机的价值被广泛认知。

文学怪才斯蒂芬·金在早期投稿时，屡遭退稿，收到的退稿信堆积如山，生活也十分窘迫。当时的恐怖小说市场风格较为固定，他独特的创作风格难以被接受。但斯蒂芬·金没有放弃，看到了恐怖文学在情节创新和心理刻画上的新方向，坚信自己的故事能打动读者。他坚持创作，不断打磨自己的作品，从《魔女嘉莉》开始崭露头角，后续推出一系列畅销小说，最终成为现代恐怖文学的标志性人物。他打破了传统恐怖文学的创作局限，用丰富的想象力和顽强的毅力，为恐怖文学的未来带来更多可能。

"体操王子"李宁在运动员生涯结束后，面临转型难题。当时国内体育用品市场被国外品牌主导，本土品牌发展艰难，大众对国货信心不足。但李宁没有被困境击退，他看到了国内体育产业的巨大潜力，立志打造中国的世界级体育品牌。他凭借在体育界积累的影响力，大胆创立李宁品牌，不断研发创新产品，赞助体育赛事。经过多年努力，李宁品牌成为国产运动品牌的领军者，改变了国内体育用品市场格局。李宁打破了本土体育品牌发展的困局，用决心和创新,为中国体育用品行业的未来开拓出无限可能。

那么,如何才能做到风物长宜放眼量,看到自己未来的无限可能呢?可从以下几个方面着手:

1. 提升认知

——广泛学习

通过阅读各类书籍、参加课程等方式,拓宽知识领域。如阅读历史书籍能以史为鉴,了解事物发展规律;学习前沿科技知识,可把握时代发展趋势,锚定个人发展坐标。

——自我反思

定期回顾自己的行为和决策,分析成功经验与失败教训。比如每周进行一次总结,思考哪些做得好,哪些可以改进,从中不断优化自身思维和行为模式,提升自我认知。

2. 培养积极心态

——保持乐观

面对困难时积极看待,把它们视为成长的机会。如创业遇到资金短缺,不要气馁,要将其看作是锻炼融资能力和优化成本控制的契机。

——增强自信

关注自身优点和成就,列出自己的优势清单,遇到挑战时可从中获取信心;也可通过不断设定并实现小目标,逐步提升自信,相信自己有实现更大目标的能力。

3. 勇于行动和实践

——设定目标

结合自身兴趣和社会需求,制订长期和短期目标。长期目标如10年内成为行业领军人物,短期目标如1年内掌握某项关键技能;然后将目标分解为具体可操作的步骤,逐步推进。

——主动尝试

积极参与新领域项目和活动,多接触不同的人和事。如参加跨界合作项目，可能会激发新的创意和灵感，发现自己新的潜力。

4. 拓展人际网络

——结识优秀人才

通过参加行业会议、社交活动等，与不同领域优秀人士交流，他们的经验和见解能启发自己，为自己提供新的思路和机会。

——寻求导师指导

求教有丰富经验和专业知识的导师，他们能在职业规划、人生决策等方面给予宝贵建议，帮助自己少走弯路，看到更长远的发展方向。

不要被当下的困境和平凡所束缚，大胆展望未来；当你打破思维的枷锁，用行动去追逐梦想，未来的每一步都将充满惊喜与奇迹。

在看似"草台班子"式的世界中寻找和实现自身价值

莎士比亚说："无论一个人的天赋如何优异，外表或内心如何美好，也必须在他的德行的光辉照耀到他人身上发生了热力，再由感受他的热力的人把那热力反射到自己身上的时候，才能体会到他本身的价值。"

世界的无序与混乱，不应成为我们迷失的借口；相反，在这看似充满随意的"草台"世界里，我们更应深入探索，挖掘自身的独特价值，绽放属于自己的光芒。

1. 契合"草台"环境，实现自我价值

人们总觉得"草台"意味着资源匮乏、条件简陋，难以成事。但事实却是，"草台"虽不完美，却能成为孕育价值的独特温床，只要懂得利用，也能孕育出绚丽的花朵。

许多在网络爆火的短剧的制作团队就是一个绝佳例子。他们往往没有专业的影视基地、豪华的拍摄设备，甚至演员也多是初出茅庐的新人，整个团队堪称"草台班子"。资金紧张，他们就用手机拍摄，在简陋的出租屋里布景；缺乏专业指导，演员们就反复观看经典影片，自己琢磨演技。可他们没有被这些困难阻碍，反而凭借对短视频的敏锐洞察，契合当下快节奏的娱乐需求，制作出剧情紧凑、情节新颖的短剧。这些短剧在网络平台上迅速走红，收获了大量粉丝，实现了从"草台"到爆款的逆袭，创造了巨大的商业价值和娱乐价值。

在"草台"式的环境里，资源的贫瘠无法限制梦想的生长，只要契合时代需求，勇于创新，就能化腐朽为神奇，让平凡的创作绽放出非凡价值。

再看街边的小吃摊，摊主们没有高档的餐厅店面、专业的厨师团队，经营环境乏善可陈。但他们抓住了人们对美食的热爱和对便捷就餐的需求，用心钻研菜品口味。有的摊主几十年如一日，坚持用传统手艺制作小吃，从食材挑选到烹饪步骤，每一环节都亲力亲为。这些看似不起眼的小吃摊，凭借独特的风味，吸引了大量食客，不仅养活了一家人，还传承了地方美食文化，实现了自身价值。

"草台"不是自甘平庸的借口，而是实现价值的独特土壤。 当你聚焦大众需求，在平凡中坚守品质，即使在简陋的环境里，也能收获属于自己的成功与荣耀。

2. 时代浪潮中的个人价值定位

在时代的滚滚浪潮中，有人随波逐流，迷失自我；有人却能精准定位，绽放出独属于自己的光芒。

在人工智能蓬勃发展的当下，美籍华裔科学家李飞飞投身于计算机视觉领域的研究。她看到人工智能在图像识别、医疗影像分析等方面的巨大潜力，决心在这个新兴领域闯出一片天地。尽管研究道路充满挑战，数据不足、算法复杂，但她凭借对技术的热爱和对未来趋势的把握，带领团队不断突破。她的研究成果不仅推动了人工智能技术的进步，还在医疗、安防等多个领域得到应用，为社会创造了巨大价值。

李飞飞在时代浪潮中，紧跟科技发展前沿，找准个人价值定位，用智慧和汗水推动了行业的发展。

时代的浪潮从不停歇,在这宏大的历史进程中,唯有找准个人价值定位,将个人理想与时代需求紧密相连,才能在时代的舞台上,演绎出属于自己的精彩。

3. 自我提升路径:在混乱中找准成长方向

在生活的漩涡里,混乱无处不在,迷茫与困惑常常让我们迷失方向。然而,真正的强者却能在这混沌之中,冷静剖析,精准定位,踏出一条独属于自己的成长之路。

在新能源汽车行业兴起初期,市场格局不明朗,技术不成熟,政策不稳定,许多企业在混乱中不知所措。比亚迪创始人王传福却保持冷静,他带领团队深入研究,敏锐察觉到电池技术是新能源汽车的核心竞争力,且磷酸铁锂电池在安全性和成本上有优势。于是,比亚迪集中力量研发磷酸铁锂电池技术,并成功应用在汽车上。之后,又顺应市场需求,向混动和纯电领域全面发展,推出多款畅销车型。

比亚迪在混乱中明确方向,成为新能源汽车行业的领军企业。可见,发展中的混乱也是机遇的前奏,在混沌中精准洞察,找准发展方向,必将一路飞驰,铸就行业辉煌。

混乱并非绝境,也可能是成长的契机。当我们在混乱中冷静思考,精准找到成长方向,并付诸行动,就能冲破迷雾,走向成功的彼岸。

4. 在看似"草台班子"式的世界中寻找和实现自身价值

在这个仿佛"草台班子"式的世界中,很多事物与现象看似无序、缺乏规范,但仍可通过以下方式寻找和实现自身价值:

——明确自身定位

一是深度自我剖析,了解自己的兴趣、优势和劣势。如喜欢与人沟通且善于协调的人,在项目管理等方面可能有优势,可以此确定适合自己的方向。

二是关注市场需求,分析社会和行业需求。如当前数字化转型背景下,企业对数据处理和分析人才需求大,可结合自身情况向此方向发展,使自身价值与市场需求相匹配。

——提升专业能力

一是持续学习知识，利用线上课程、专业书籍等资源，不断更新知识体系。如从事设计行业，要持续学习新的设计软件和理念。

二是积累实践经验，通过参与实际项目、实习等，将知识应用于实践，提高解决问题的能力。如程序员可参与开源项目，提升代码编写和项目管理能力。

——打造个人品牌

一是塑造独特形象，在工作和社交中，展现独特的风格和价值观。如以严谨、高效的工作风格或创新、开放的思维方式，让他人记住自己。

二是积极传播口碑，通过社交媒体、行业论坛等平台，分享自己的见解和成果，扩大影响力。如写专业文章、做视频分享经验，吸引关注和认可。

——主动寻找机会

一是拓展社交圈子，如参加行业活动、加入社群组织，结识更多人脉，可能获得新的工作机会或合作项目。

二是勇于毛遂自荐，遇到合适的项目或机会，主动展示自己的能力和想法，争取参与其中，不要期待机会主动降临。

——保持积极心态

一是面对困难不气馁。在"草台班子"式的环境中可能会遇到各种问题，把它们当作成长的磨炼，如项目失败后，要及时分析原因，吸取教训，提升自己。

二是坚持长期主义。实现自身价值是一个长期过程，要有耐心和毅力，持续努力，相信自己的价值最终会得到体现。

在这个看似"草台班子"式的世界里，尽管夹杂着无序与混乱，但无论是通过契合现实环境实现价值，还是在时代浪潮中精准定位个人价值，抑或是在混乱中找准自我提升的成长方向，我们都能清晰地看到：实现自身价值并非遥不可及。只要我们遵循明确自身定位、提升专业能力、打造个人品牌、主动寻找机会以及保持积极心态等路径，就能在这纷繁复杂的世界中，挖掘出属于自己的独特价值，绽放出最耀眼的光芒，书写属于自己的精彩人生。